高等职业院校教材

实验室安全技术

SHIYANSHI ANQUAN JISHU

李志刚　王桂梅　张一帆　主编

化学工业出版社

·北京·

内容简介

本书共分 9 个项目、30 个任务，主要包括实验室安全概述、实验室安全认知、危险化学品分类及安全防护技术、实验室电气安全防护技术、生物实验室安全防护、实验室仪器设备使用安全技术、实验室"三废"处理、实验室安全事故的预防与应急救护、实验室信息安全与管理等内容。

各项目均设置了"学习导读"（含思维导图）和"学习目标"，各任务均从实验室发生的典型案例出发引入教学内容，并设有"议一议""知识链接""思考与活动"等，便于学生归纳总结和拓宽视野，各项目后设置了"目标检测"，便于检测学习效果。

本书适合高等职业院校医药类、化工类、分析类、食品检验类专业师生作为教材使用，也适合实验室安全技术及安全管理工作人员和相关从业人员参考。

图书在版编目（CIP）数据

实验室安全技术 / 李志刚，王桂梅，张一帆主编
. —北京：化学工业出版社，2021.10（2024.8 重印）
ISBN 978-7-122-40348-3

Ⅰ．①实…　Ⅱ．①李…　②王…　③张…　Ⅲ．①实验室
管理-安全管理　Ⅳ．①N33

中国版本图书馆 CIP 数据核字（2021）第 241953 号

责任编辑：提　岩　旷英姿　　　　　　　　文字编辑：崔婷婷　陈小滔
责任校对：刘曦阳　　　　　　　　　　　　装帧设计：李子姮

出版发行：化学工业出版社（北京市东城区青年湖南街 13 号　邮政编码 100011）
印　　装：高教社（天津）印务有限公司
787mm×1092mm　1/16　印张 9　字数 209 千字　　2024 年 8 月北京第 1 版第 7 次印刷

购书咨询：010-64518888　　　　　　　　　售后服务：010-64518899
网　　址：http://www.cip.com.cn
凡购买本书，如有缺损质量问题，本社销售中心负责调换。

定　　价：28.00 元

编委会名单

主　编

李志刚　山东药品食品职业学院

王桂梅　山东药品食品职业学院

张一帆　山东药品食品职业学院

副主编

孙　晓　山东药品食品职业学院

刘　平　山东药品食品职业学院

董文静　山东轻工工程学校

刘爱武　山东省淄博市工业学校

胡志利　山东药品食品职业学院

张志军　山东药品食品职业学院

参　编

郑　路　山东药品食品职业学院

于　辉　山东药品食品职业学院

许家志　山东药品食品职业学院

李翠荣　山东药品食品职业学院

戴春玉　山东药品食品职业学院

曲庆美　山东药品食品职业学院

徐秀芳　山东药品食品职业学院

前言

随着现代职业教育的快速发展，实验室建设规模不断扩大、功能大幅提升，实验室已成为学生提升职业能力的重要场所，但实验室安全问题也随之变得尤为突出，特别是医药化工类实验室具有实验教学任务量大、参与学生多、仪器设备和材料种类多、潜在安全隐患与风险复杂等特点，给医药化工类专业的实验教学带来了诸多风险和挑战。进入新时代，党和国家越来越重视公共安全，党的二十大报告指出"坚持安全第一、预防为主，建立大安全大应急框架，完善公共安全体系，推动公共安全治理模式向事前预防转型。"为更好地贯彻党的二十大精神，提高实验室安全管理能力和水平，让学生掌握实验室必需的安全知识，我们组织了一批长期从事职业院校实验室教学工作的教师及企业一线人员共同编写了本教材。

本教材遵循学生认知规律，根据不同实验室的性质，按照各专业实践教学标准进行编写。其创新性和特色如下：

（1）设置了"学习导读"。以思维导图的方式梳理每个项目的重要内容，便于学生根据需要选择学习内容。

（2）设置了"案例导入"。每个任务均由案例导入开始，使学生通过了解已发生的不安全案例，不断树立规则意识、安全意识，能够以案例为戒，做到警钟长鸣。

（3）设置了"知识链接""议一议""思考与活动"等栏目，拓宽学生知识视野，提高学生学习的积极性和主动性，让学生学会思考和应用，促进安全意识的养成，更好地做好自我防护。

本教材共分实验室安全概述、实验室安全认知、危险化学品分类及安全防护技术等9个项目、30个任务。项目一～项目三由李志刚、胡志利、李翠荣、戴春玉、曲庆美编写，项目四～项目六由王桂梅、刘平、徐秀芳、许家志、刘爱武编写，项目七～项目九由张一帆、孙晓、董文静、于辉、郑路、张志军编写。全书由李志刚、王桂梅、张一帆统稿。

本教材适用于职业院校医药化工类专业学生进入实验室前的学习和掌握实验室安全知识，可为职业院校实验室安全技术提供操作指南和安全指导，也可作为从事实验室工作的人员和实验室新入职人员的培训教材，同时还可作为企业新员工的培训参考书。实验室是特殊的教学和工作场所，有关人员必须经过学习，考核合格后方可进入实验室开展相关工作。因此，希望本教材能为学习实验室安全技术提供帮助和参考。

本教材在编写过程中得到了各兄弟院校和淄博食品药品检验研究院的支持和帮助，在此表示诚挚的感谢！

由于编者水平所限，书中不足之处在所难免，敬请广大读者批评指正。

编者

目录

实验室安全概述

学习导读

　　实验室是学生巩固理论知识、规范职业技能的实践教学场所，是培养学生创新能力，使学生参与科研和社会服务的重要基地。它具有覆盖学科范围广、参与学生多、实验教学任务量大、仪器设备和材料种类多、潜在安全隐患与风险复杂等特点。走进实验室，学习掌握实验室安全技术是保障实验安全的首要任务。

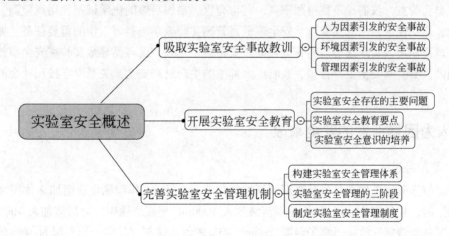

学习目标

知识目标

1. 掌握实验室安全技术的重要性及培养措施。
2. 熟悉实验室安全技术管理体系及基本管理制度。
3. 了解实验室安全事故的案例警示。

能力目标

1．能自觉遵守实验室安全技术规定。
2．能根据实验室安全要求规范各项操作。
3．能养成良好的实验室安全防护意识。

任务一　吸取实验室安全事故教训

案例导入

2000～2018 年，我国高校实验室发生的 100 起安全事故中，死亡人数达到 9 人，受伤或中毒人数为 593 人。这些事故不仅造成了人员的伤亡，还对国家财产造成了重大损失。其中，火灾和爆炸是实验室事故的主要类型；仪器设备、试剂使用是事故发生的主要环节。造成事故的主要原因有违反操作规程、试剂存储不当、疏忽大意、设备线路老化等。

讨论：1．造成事故发生的常见人为因素、环境因素、管理因素主要有哪些？
　　　2．我们应该汲取哪些经验教训，怎样进行预防和控制？

随着职业教育的快速发展，实践教学已成为职业教育的重要组成部分，实验室建设规模不断扩大，实验室功能不断完善，但随之而来的实验室安全问题也变得尤为突出。特别是医药化工类实验室，仪器设备使用频率高，有毒有害、易燃易爆的化学试剂使用风险高，且人员集中、流动性大，因此实验教学安全规范是管理实验教学与科研工作的首要任务。如果教学、管理及使用人员缺乏必需的安全技能，安全意识不强，就容易导致实验室安全事故的发生。因此，实验室安全工作直接关系着广大师生的生命财产安全，关系着学校和社会的安全稳定。

一、人为因素引发的安全事故

1．事故经过

某高校实验室工作人员朱某在配制氨性氯化亚铜溶液（1 体积氯化亚铜加 2 体积 25%的浓氨水）时，先量取 200mL 氯化亚铜溶液放入 1000mL 平底烧瓶中，之后需加入 400mL 氨水。朱某从溶液间摆放柜里拿了两瓶 200mL 25%的氨水试剂（其中一瓶实际为 98%的浓硫酸）。他将第一瓶氨水试剂倒入平底烧瓶中，然后拿起第二瓶，没有仔细查看瓶子标签，误将约 200mL 98%的浓硫酸倒入平底烧瓶中。平底烧瓶中的溶液立即发生剧烈反应，平底烧瓶炸裂，溶液溅到朱某脸上，事故造成朱某脸部、手部局部化学灼伤。

2．事故原因

一是取样时没有认真查看标签；二是在配制有刺激性的试剂时，没有在通风橱内操作，执行标准不到位；三是自我防护意识差，未按规定佩戴个人防护用品。这些原因最终造成了这起实验安全事故。

3．事故警示

实验室工作环境比较特殊，实验人员可能会接触到各种各样的化学试剂、试样和仪器设备，应当严格按照实验规程认真操作并做好自我防护。

对于有毒有害、易燃易爆的化学物质，缺乏必要的安全防护知识，很容易造成生命和财产的巨大损失。

💬 议一议

你知道有哪些安全事故是人为因素造成的？我们该如何预防？

二、环境因素引发的安全事故

1．事故经过

2015 年 12 月 18 日上午，发生在某大学化学系的火灾爆炸事故，造成一名实验人员死亡。

2．事故原因

实验室所用氢气钢瓶底部意外起火、爆炸，导致人员伤亡。

3．事故警示

事故发生后，该校全校停用与该事故同类、同厂家生产的氢气瓶，并组织专家全面梳理校园安全隐患和实验室安全薄弱环节，彻查学校重点要害以及存放危险化学品的实验室。对特殊设备要有明确、规范的安全防护措施。

🧲 知识链接

实验室常见的环境不安全因素

设备和装置的结构不良，强度不够，零部件磨损和老化；工作环境空间偏小或工作场所有其他缺陷；物品的堆放和整理不当；安全生产防护装置失灵；劳动保护用品（具）缺乏或有缺陷；作业方法不安全；工作环境不良因素，如照明、温度、噪声、振动、颜色和通风等，这些都是实验室常见的物的不安全状态，也称为环境不安全因素。

三、管理因素引发的安全事故

1．事故经过

2018 年 12 月 26 日，某大学东校区 2 号楼某实验室发生爆炸。经查，是学生进行垃圾渗滤液污水处理实验时操作不当，引发了实验室内堆放的易燃易爆化学品的爆炸，事故共造成 3 名正在实验的学生死亡。

2．事故原因

学生使用搅拌机对镁粉和磷酸进行搅拌，反应过程中，料斗内产生的氢气与搅拌机转轴摩擦、碰撞产生的火花点燃爆炸，继而引发镁粉粉尘云爆炸，爆炸引起周边镁粉和其他可燃物燃烧；实验室现场堆放了大量的易燃易爆化学品，包括 30 桶镁粉、8 桶催化剂、6 桶磷酸钠等化学试剂。

3. 事故警示

一是该实验室违反了《危险化学品安全管理条例》（国务院令 591 号）第十九条的规定，即危险化学品生产装置或者储存数量构成重大危险源的，危险化学品储存设施应当符合国家有关规定；二是实验室人员进行实验前应充分了解实验原料的来源、主要组成和性质，并对可能产生的有毒气体或发热、喷溅及爆炸等容易引起意外事故的现象有所警惕；三是实验室严禁存放大量的易燃易爆品及强氧化剂，包括苯类、胺类、醇类、烯类、腈类、醚类、酮类、酯类、醛类、烷类等。

事故调查组同时认定，该大学有关人员存在违规开展试验、冒险作业，违规购买、违法储存危险化学品，对实验室和科研项目安全管理不到位等问题。

高校实验室用到的易燃、易爆、剧毒和有腐蚀性的危险化学品，需要有安全可靠的存放场所，并且安排人员专职负责管理，不能与一般物品等同对待。

💡 思考与活动

以小组为单位，谈一谈你对安全事故的认识。

⚙ 任务二　开展实验室安全教育

📖 案例导入

2009 年 7 月 3 日 12 时 30 分许，某大学理学院化学系博士研究生袁某发现另一博士生于某昏厥，倒在催化研究所 211 室，便紧急拨打 120 急救电话，之后袁某也晕倒在地。最后两人一同被急救车送到省立某医院。当日 13 时 50 分，该医院急救中心宣布于某抢救无效死亡，袁某抢救成功后出院。

经公安机关立案调查，事故原因是该校化学系教师莫某某和另一高校教师徐某某，于事发当日在催化研究所做实验过程中，误将本应接入 307 室的一氧化碳气体接至通向 211 室的输气管，一氧化碳发生泄漏，导致博士生于某中毒死亡。莫某某、徐某某的行为涉嫌危险物品肇事罪。

讨论：1. 实验设施是否可以私自乱接乱用？
　　　2. 怎样加强实验室设备使用安全？进入实验室应进行哪些安全教育？

一、实验室安全存在的主要问题

实验室即进行实验的场所。在高校，实验室既是开展教学实践、科学研究的场所，又是全面实施综合素质教育，培养学生动手能力、实验实践技能、知识创新和科研创新能力的重要基地。但实验室安全受到诸多因素影响，如安全意识、习惯养成、职业素养、实验设施、规章制度、规范操作等，其中安全意识的培养渗透在实验、实训教学的每一个环节。重视学生安全意识的培养，可有效避免实验教学中隐藏的安全隐患。实验室主要安全问题如下：

1．教师及实验员安全意识淡薄

教师及实验员安全意识淡薄，不穿实验服、不佩戴实验防护用品、微小操作不规范等，上述看似细小的行为都会对学生的安全意识培养带来不良影响。

2．学校对实验室教学的重视程度不够

当前大部分学校以教学和科研为中心，对实验教学重视不够，导致实验室安全投入不足，专任教师配备偏少，实验室安全管理体制不健全，执行不严格，监管不到位等。

3．实验室准入制度不健全

实验室准入制度不健全，缺乏系统的安全教育体系。学生缺少进入实验室前的安全考核教育环节，系统的实验室安全培训不到位；学生在未签订安全责任书的情况下，轻易进入实验室；教师对学生严格执行实验前、实验中、实验后的安全考核不到位；师生相互评价体系不健全等问题，导致实验室安全隐患发展为安全事故。

4．实验室管理不到位

实验室管理制度不健全或者制度落实不到位，监管不及时容易造成实验室安全事故的发生。学院相关职能部门应该加强实验室管理，强化责任意识，增强对实验安全的敬畏心，教学管理齐抓共管，共同做好实验室安全工作。

💬 议一议

你知道，在实验过程中学生实验室安全意识淡薄的表现还有哪些吗？

二、实验室安全教育要点

（1）强化标准操作，加强制度管理。健全的实验室管理制度是促进学生形成良好安全意识的重要前提，也是实验室安全的重要保障。应建立健全实验室安全守则、各类课程实验标准操作规程、仪器设备的管理制度及操作规程、贵重仪器及危险化学品的管理制度、仪器报废与损坏赔偿制度、实验室教师岗位职责、实验室安全管理准入制度、实验室安全应急预案等，要求学生仔细阅读操作使用说明，严格按照操作规程操作，避免安全事故的发生。

（2）借鉴企业岗位标准，建立实验室准入制度。学生全员进行实验室安全技术课程学习，安全考试合格后，才能获得准入资格。学校、教师、学生层层签订实验室安全责任书。特种设备实验室应经特种安全作业培训考核，并在已取得特种作业资格证的教师的精准指导下完成实验。

（3）强化各级领导和专任教师的安全意识，发挥好管理者的作用。各级领导必须重视实验室安全，加强实验室队伍建设，按照国家规定，配备数量充足的实验实训指导教师，定期组织实验员参加安全技能和操作规范培训，定期组织校内外专家开展实验室安全教育全员培训，落实实验安全责任制，不断强化各级领导和专任教师的安全意识，形成时时处处重视安全的氛围。

（4）对实验室所有的危险化学品以及辐射、生物、机械、特种设备等实验设施、设备与用品等重大危险源定期开展专项检查。核查安全制度及责任制落实情况、安全宣传教育情况、

规范使用和处置情况、检测及应急处置装置情况、安全隐患及其整改成效等，提高实验室安全应急能力。

(5) 构建实验室安全管理组织体系。齐抓共管，实验室安全工作应纳入学校整体安全工作之中，夯实学校实验室安全工作基础，做到安全工作与业务工作同规划、同部署、同落实、同检查，为确保实验室安全打下坚实基础。

🧲 知识链接

实验室安全工作的特性

墨菲定律认为："凡事有可能发生，就一定会发生。"不难理解，事故不可能为零，但也可以理解为，一切事故皆可预防！

实验室安全工作通常具有以下特性：

(1) 预防性　要防患于未然。无论做哪一种实验，都应该提前查阅资料，了解所用试剂的安全特性，做好个人防护。

(2) 长期性　有实验就有安全问题，安全工作若不能从开头就得到重视，时间一长就容易把"安全"二字抛在脑后。

(3) 科学性　要善于对实验内容、实验设备、工艺条件进行风险评估，用科学的方法排除不安全因素。

(4) 群众性　实验是协作性的活动，只有依靠大家共同努力，安全才能有保障！

三、实验室安全意识的培养

1. 全员树立规则意识

规则意识是指发自内心的、以规则为自己行动准则的意识。培养实验室规则意识是广大师生行为规范教育的内在需求，也是实验室安全管理的基本内容。因此，高校应本着"育人为本，安全第一"的原则，加大实验室安全管理的力度，广泛开展实验室规则意识教育，科学地开展实验，逐步树立起规则意识，养成良好的实验习惯。

2. 全过程树立标准意识

绝大多数的实验室事故是人为原因造成的，其主要原因有违反操作规程、试剂样品使用不当、操作不规范、废物处置不符合要求等。因此，在实验室日常管理中，应该做到：

(1) 保持环境清洁　随时检查工作区域、生活区域中昆虫和鼠类的滋生情况，一经发现立即杀灭，保持实验室清洁。实验室内的各种物品应分类管理，标志指引清晰。各种实验物品、仪器、设备要摆放整齐，保持环境干净、整洁。

(2) 禁止在实验室进食　不允许将食物、饮品带入工作场所，实验室用来存放试剂的冰箱不能存放食品和个人物品，实验室做实验用的微波炉不能用于加热食品等。

(3) 做好防护　进入实验室，应穿戴好实验防护服及其他防护用品。处理具有强腐蚀性和挥发性的酸、碱、氧化剂时，一定要穿好防护服，戴上防护眼镜；在实验室不得穿凉鞋、拖鞋及直接暴露皮肤的短衣，防止试剂溅到脚上或皮肤上，也不能穿高跟鞋，以防滑倒或绊倒；女性应将长发扎起或固定在帽子（或头套）里，以防卷入机械设备中或接触到火源（热源）造成安全危害；实验人员不应佩戴隐形眼镜和首饰，也不能将防护衣、手套、防护用品带出实验室。

（4）规范实验　实验前应仔细阅读实验讲义，并查阅试剂、药品的安全说明书（MSDS）。实验时，应严格遵守实验规程，做到规范操作，不脱岗、不怠岗，仪器设备由专人管理。实验后，清理卫生，归类摆放物品，关好水、电、气等。

（5）废物处置要分类　处理生物感染废物，应置于防漏容器内，并拧紧上盖。处理针尖、针管等尖锐性物品时，应置于硬质且防漏的容器中，不得随意乱丢。实验室"三废"处理应遵守国家和当地环保部门有关废物的管理规定。

3．全方位树立责任意识

学校实验室一般实行三级安全管理模式，是由学校、二级单位（实验实训处、系部）、教学实验室组成的三级联动安全管理责任体系。各级都必须严格落实责任制，责任到人才能树立起强烈的安全责任意识，保证实验室安全。

💡 **思考与活动**

检查你熟悉的实验室，说一说该实验室的安全防范措施有哪些。

🌀 任务三　完善实验室安全管理机制

📚 **案例导入**

2003 年 1 月 19 日，某大学地球与环境科学学院实验室发生化学原料爆炸。该实验室堆放着很多研究用的化学原料，爆炸可能是由电线短路引起的。

讨论：实验室堆放很多研究用的化学原料，是否符合实验安全管理制度要求？

党的二十大报告指出"坚持安全第一、预防为主，建立大安全大应急框架，完善公共安全体系，推动公共安全治理模式向事前预防转型。"党和国家都高度重视实验室安全工作，多次下文强调"党政同责、一岗双责、齐抓共管、失职追责"和坚持"管行业必须管安全、管业务必须管安全、管生产经营必须管安全"的原则，要求建立健全实验室安全责任体系。

一、构建实验室安全管理体系

学校是教学实验室安全责任的主体。实验室必须严格遵守国家和上级有关安全管理部门制定的各项安全管理规章制度，要在学校的统一领导下，构建由学校、二级单位、教学实验室组成的三级联动安全管理责任体系。

学校党政主要负责人是学校安全工作第一责任人。分管学校教学实验室工作的校领导协助第一责任人负责教学实验室安全工作，是教学实验室安全工作的重要领导责任人。学校应成立实验室安全管理委员会，一般由校领导、校外专家、有关职能处室负责人和二级单位党政负责人等组成，主要负责对实验室发生的各类安全违章、事故、隐患的责任认定和处理。

二级单位党政负责人是本单位教学实验室安全工作的主要领导责任人。二级单位应成立实验室安全工作领导小组，主要负责本单位的实验教学管理与监督。要做到每学期定期对实验室安全工作进行全面检查，现场签发检查记录，对存在安全隐患的实验室发放整改通知，限期整改并组织验收。

二级单位应配备实验室安全员，协助本单位负责人具体负责安全管理制度的实施，包括对实验室进行日常的安全检查和监督；发现、记录、纠正现场违章，上报安全隐患，处理安全事故；建立实验室安全工作档案，将开展的安全工作及时存档，作为考核依据。

教学实验室配备的负责日常管理的专职管理人员是本实验室安全工作的直接责任人。实验室安全应坚持"谁使用、谁负责，谁主管、谁负责"的原则，逐级分层落实责任制，层层签订目标管理责任书，压实各级管理责任。

二、实验室安全管理的三阶段

实验室必须严格遵守国家和上级有关管理部门制定的各项安全管理法律法规。学校实验室安全管理三阶段一般是指实验前管理、实验过程管理和实验后管理。

1. 实验前管理

对新建、改建、扩建的实验室，项目建设验收时要同步进行安全验收。实验室日常管理中，应开设安全教育必修课，印制安全教育手册，考核实验室安全知识，组织突发事故应急模拟演练，实验室内外张贴安全警示标志、危险化学品安全告知卡等。

建立实验室准入制度，对学生进行系统的实验室安全培训，安全考核合格后，签订实验室安全责任书，方可进入实验室。进入实验室后，严格遵守实验室安全守则，务必做好实验防护（如穿好防护服、扎好头发等），严禁穿拖鞋、短裤、裙子，严禁将食品、饮品带入实验室，严禁在实验室抽烟、做饭、私拉电线、违规使用电器等。在做每个具体实验时，实验前，师生应预先学习实验内容，熟悉实验安全注意事项，了解实验所需试剂、药品的安全说明书（MSDS）内容、设施设备操作注意事项、工艺操作注意事项等。

2. 实验过程管理

实验时，严格按照实验步骤和实验指导教师的要求操作。明确实验原理，掌握操作内容，遵守实验规程，爱护实验设备和物品，认真观察实验现象和记录实验数据。使用大型仪器设备时，必须在实验指导教师的指导下进行操作，严禁随意搬动、违章操作。实验过程中须遵守课堂纪律，不准打闹、嬉戏，不得吃喝东西，不能擅自做与实验无关的内容，不得使用不正常（待修）的仪器设备，不得离岗、串岗、脱岗。处理有刺激性或易挥发的危险化学品时，必须在通风橱中进行；对药品不闻、不触、不尝，剩余药品不得放回原试剂瓶、不丢弃、不拿出实验室。禁止随意处理废物，不得将杂物、强酸、强碱及有毒试剂倒入水槽。对于损坏的仪器设备和物品，应及时向指导教师汇报，查明原因，实名登记。

3. 实验后管理

实验完毕，实验人员应将仪器设备清洗干净，物品摆放在正确位置，逐件清点并归还原位。值日生要负责清洁卫生，保持实验室的整洁，垃圾分开处理，切断水、电、气，关闭门窗。经实验指导教师检查后，学生方可离开实验室。实验后，学生必须认真完成实验报告。

🔗 知识链接

实验室安全管理的基本要求

1. 确保消防逃生通道时刻畅通。

2. 实验前，应了解实验室的位置和逃生路线，了解实验操作的潜在危险源，并掌握适当的安全预防措施。

3. 根据所进行的实验类型，选用合适的防护服和防护装备；不准在实验室中化妆或佩戴隐形眼镜，严禁在实验室内准备、处理、储存或消耗个人用食品或饮料；实验室中使用的冰箱、冷柜、烘箱和微波炉严禁用于个人储存或制作食物或饮料。

4. 严禁在实验室内和储存区域附近吸烟和使用明火。

5. 保持工作台面、架子和橱柜的干净整洁。仪器和试剂在使用后需清洁，并收纳好；在实验室工作区域内只储存所需的最少量的化学物品。

6. 定期检查设备的安全性，以确保其正确使用和维持良好状态。

7. 不要在实验室从事冒险性活动，不准在实验室或走廊中奔跑；遇到特殊情况应及时向实验指导教师报告。

8. 实验过程中产生的垃圾废物（包括溢出物）应立即清理。注意：特殊的废物（如碎玻璃器皿、注射器针头或放射性物质、感染性物质等）需放在指定类型的容器中分类处理。

9. 离开实验室时，应做好环境清洁，一切物品分类整齐摆放，垃圾分类处理，洗手，切断水、电、气，关闭门窗。

三、制定实验室安全管理制度

实验室安全工作是学校治安综合治理和平安校园建设的重要组成部分，各部门必须把实验室安全工作纳入各级领导的目标管理之中，做到有组织、有制度、有计划、有落实、有监督、有检查、有考核、有总结，要实现与部门其他工作同部署、同检查、同评比、同奖惩的常态化管理。

根据国家有关实验室安全管理要求，学校必须制定一系列实验室安全管理制度，如《实验室危险化学品管理办法》《实验室特种设备安全管理办法》《实验室化学废物暂存柜运行管理办法》《实验室安全准入制度》《实验实训学生安全守则》《实验室安全操作守则》以及化学品、仪器设备、废物排放、安全教育等安全管理规定。除此之外，还应具有安全检查整改通知书及安全事故处理的相关文件，建立安全检查台账，以确保师生的人身安全和学院财产安全。

《实验室安全准入制度》中明确规定，对进入实验室的师生必须进行安全技能和操作规范培训，未经相关安全教育并取得合格成绩者不得进入教学实验室；把安全宣传教育作为日常安全检查的必查内容，对安全事故责任追究应严肃认真，坚持"四不放过"原则，即事故原因未查清不放过、责任人员未处理不放过、整改措施未落实不放过、有关人员未受到教育不放过。

💡 思考与活动

查阅资料，说一说《实验室安全准入制度》中对学生安全管理有哪些具体要求。

⚙️ 目标检测

一、单选题

1. 造成实验室安全事故的主要安全隐患有（　　　）。
   A. 熟练掌握实验操作规程
   B. 凭经验进行实验操作
   C. 正确佩戴防护用品
   D. 取样时认真核对试剂标签

2. 下列不属于实验前应做到的内容有（　　　）。
   A. 熟悉实验安全注意事项和工艺操作注意事项
   B. 了解实验所需试剂、药品的安全说明书内容
   C. 熟悉实验设施设备和工艺安全操作事项
   D. 定期检查维护设施

3. 下列操作违反实验过程中安全管理的是（　　　）。
   A. 处理化学品时尽量在通风橱中进行
   B. 对药品不闻、不触、不尝
   C. 剩余药品不放回原试剂瓶、不丢弃、不拿出实验室
   D. 实验过程中可以打闹、讨论、吃喝东西

二、多选题

1. 实验室事故频发的主要原因有（　　　）。
   A. 安全意识淡薄
   B. 安全制度不落实
   C. 违反操作规程
   D. 违规储存、使用和处置化学品

2. 实验室安全管理的重要举措有（　　　）。
   A. 树立规则意识、纪律意识和责任意识
   B. 强化培训教育考核，养成良好的实验室行为习惯
   C. 做好个人安全防护
   D. 完善实验室各项安全管理制度

3. 有关实验室基本安全管理制度叙述正确的是（　　　）。
   A. 依据国家有关实验室安全管理要求，学校制定一系列实验室安全管理制度

B．如需使用危险化学品，最好制定实验室危险化学品管理办法

C．实行实验室安全准入制度

D．保障学生实验安全，建议制定实验实训学生安全守则等

三、判断题

1．实验室用来存放试剂的冰箱也可以存放食品和个人物品。（ ）

2．实验室现场根据实验需要可存放大量的易燃易爆品。（ ）

3．高校党政主要负责人是学校安全工作的第一责任人。（ ）

实验室安全认知

⇢) 学习导读

实验室危险源的存在是安全风险和事故发生的根源。正确识别实验室安全标志，有效辨识实验室危险源是保证实验室人员做好安全防护、提高工作效率、保障人身财产安全的重要手段。

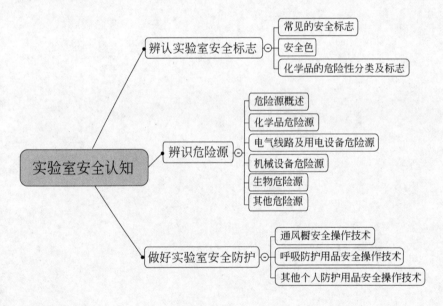

⫸ 学习目标

知识目标

1. 掌握实验室常见的安全标志。
2. 熟悉实验室常见的危险源。

3．了解实验室主要的安全防护措施。

能力目标

1．能准确认识常见的实验室安全标志。
2．能正确识别实验室的危险源。
3．提升个人安全防护意识，会正确逃生。

⚙ 任务一　辨认实验室安全标志

📘 案例导入

2018 年 2 月 22 日，浙江一名环卫工人在清理垃圾袋时，袋中一塑料瓶内所装的液体突然流出来，将其双手严重腐蚀。经调查，发现瓶中是腐蚀性极强的氢氟酸。

讨论：腐蚀性废物处理时，能随意丢弃吗？应怎样处理？是否必须设置安全标志？

为保证实验室安全，首先应该掌握实验室有关安全标志。安全标志是用以表达特定的安全生产信息的标识，由图形符号、安全色、几何形状（边框）或文字等构成。可以形象、直观地向人们传达各种安全指示、禁令等信息。

一、常见的安全标志

安全标志有禁止标志、警告标志、指令标志和提示标志四大类型。

1. 禁止标志

禁止标志的含义是不准或制止人们的某种行动，图 2-1 为常见的禁止标志示例。

图 2-1　常见的禁止标志

注：图形为黑色，禁止符号与文字底色为红色

2．警告标志

警告标志的含义是让人们注意可能发生的危险，图 2-2 为常见的警告标志示例。

图 2-2　常见的警告标志

注：图形、警告符号及字体为黑色，图形底色为黄色

3．指令标志

指令标志的含义是告诉人们必须遵守的意思，图 2-3 为常见的指令标志示例。

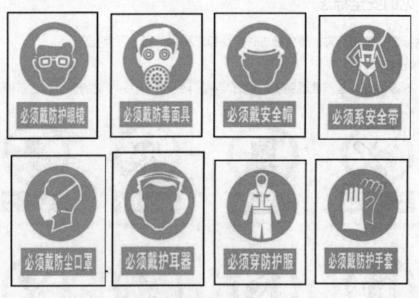

图 2-3　常见的指令标志

注：图形为白色，指令标志底色均为蓝色

4．指示标志

指示标志的含义是向人们提示目标的方向，其中包括消防提示 7 个，图 2-4 为常见的指示标志示例。

图 2-4 常见的指示标志

注：消防提示标志的底色为绿色，文字、图形为白色

安全标志一般设在醒目的地方，不能设在门窗、架子等可移动的物体上。

💬 议一议

下列安全标志的含义分别是什么？

二、安全色

安全色是表达安全信息的颜色，表示禁止、警告、指令、提示等意义。正确使用安全色，可以使人员能够对威胁安全生产、健康的物体和环境尽快做出反应，迅速发现或分辨安全标志，及时得到提醒，以防止事故、危害发生。

国际标准化组织（ISO）和很多国家都对安全色的使用有严格规定。我国国家标准GB 2893—2008 规定：安全色是传递安全信息含义的颜色，包括红、蓝、黄、绿四种颜色。

（1）红色　表示禁止、停止、消防和危险的意思。如禁止标志、交通禁令标志、消防设备、停止按钮和停车、刹车装置的操纵把手、仪表刻度盘上的极限位置刻度、机器转动部件的裸露部分及文字、危险信号旗等。

（2）黄色　表示注意、警告的意思。如警告标志、交通警告标志、道路交通路面标志、皮带轮及其防护罩的内壁、砂轮机罩的内壁、楼梯的第一级和最后一级的踏步前沿、防护栏杆及警告信号旗等。

（3）蓝色　表示指令、必须遵守的规定。如指令标志、交通指示标志等。

（4）绿色　表示通行、安全生产和提供信息的意思。如表示通行、机器启动按钮、安全生产信号旗等。

三、化学品的危险性分类及标志

根据《化学品分类和危险性公示　通则》GB 13690—2009，化学品的危险种类有理化危险、健康危险、环境危险三大类。其中，理化危险按照不同的危险性质分为 16 个子类，健康危险有 10 个子类，环境危险包括危害水生环境和急慢性水生毒性 2 个子类。

理化危险是指化学品所具有的爆炸性、燃烧性（易燃或可燃性、自燃性、遇湿易燃性）、自反应性、氧化性、高压气体危险性、金属腐蚀性等危险性。

健康危险是指根据已确定的科学方法进行研究，由得到的统计资料证实，接触某种化学品对人员健康造成的急性或慢性危害。

环境危险是指化学品进入环境后通过环境蓄积、生物累积、生物转化或化学反应等方式，对环境产生的危害。

化学品的危险性分类及其标志如表 2-1 所示。

表 2-1　化学品的危险性分类及其标志（部分）

危险性类别	主要标志	危险性说明
理化危险	爆炸物	该标志主要警示不稳定爆炸物；具有整体爆炸危险或严重迸射危险爆炸物；加热可引起爆炸的自反应物和混合物；加热可引起燃烧或爆炸的有机过氧化物等
	易燃物	该标志主要警示易燃气体、易燃气溶胶、易燃液体、易燃固体；加热可引起燃烧或爆炸的自反应物质和混合物；发火固体、发火液体、自燃物，遇水放出易燃气体的物质和混合物；加热可引起燃烧或爆炸的有机氧化物等
	氧化物	该标志主要警示可起火或加剧燃烧的氧化剂；可能引起燃烧或爆炸的强氧化剂、氧化性气体、氧化性液体及氧化性固体等
	高压气瓶	该标志主要警示遇热可爆炸的气雾剂；遇热可能爆炸的内装高压气体；可造成低温烧伤或损伤的内装冷冻气体；加热可引起燃烧或爆炸的有机过氧化物
	腐蚀品	该标志主要警示金属腐蚀物；腐蚀或刺激皮肤的酸碱腐蚀品；能引起严重眼损伤或眼刺激的物品

危险性类别	主要标志	危险性说明
	有毒有害品	该标志主要警示容易引起急性中毒的物质；具有皮肤刺激或腐蚀的物品；对眼睛有严重损伤或刺激的物质；呼吸道或皮肤致敏物等
健康危险	健康危害警示	健康危害警示标志，常与其他标志联合使用
	健康危险	该标志主要警示具有致癌性，生殖毒性，单次接触或反复接触对特定目标器官有毒性的物品；具有吸入危险的物品
环境危险	水环境危害	该标志主要警示对水环境产生急性、慢性危害的物品

🧲 知识链接

《全球化学品统一分类和标签制度》

　　《全球化学品统一分类和标签制度》(简称 GHS)是由联合国出版的作为指导各国控制化学品危害、保护人类和环境的统一分类制度文件。GHS 对于化学品的危险信息的表述手段有两种——标签和安全数据单，是用于标示化学品所具有的危险性和安全注意事项的一组文字、象形图和编码组合，可以粘贴、挂拴或喷印在化学品的外包装或容器上。

💡 思考与活动

　　查阅资料，说一说我国有哪些 GHS 标准。

🌀 任务二 辨识危险源

📔 **案例导入**

　　某实验人员在化学实验室的通风橱中，用电磁炉直接加热回收某有机溶剂（乙醚和石油醚混合液）。实验工作结束，断开电磁炉电源时，通风橱内挥发的混合蒸气与明火相遇立即燃烧，火球喷出，烧伤了实验人员的脸部。

讨论：该实验人员在操作中，没有辨识的危险源有哪些？如何正确防护？

一、危险源概述

1. 危险源

　　危险源是指能造成人员伤害、疾病、财产损失、作业环境破坏或其他损失的根源或状态。根据危险源在事故发生、发展中的作用，《注册安全工程师手册》中将危险源分为两大类，分别是第一类危险源和第二类危险源。

　　第一类危险源是指系统中存在、可能发生意外释放的能量或危险物质。比如带电的导体、供热的锅炉、转动的搅拌机、燃烧的乙醇、有毒的化学试剂试药等。

　　第二类危险源是指导致能量或危险物质约束或限制措施被破坏或失效的各种因素。广义上包括人的失误、物的故障、环境的不良以及管理缺陷四个方面。

2. 实验室常见的危险源

　　实验室中较为常见的危险源有：危险化学品（最安全的化学品也有潜在危险），电气设备（设有加热设备和电器开关，存在火灾或触电的危险），微生物（致病菌污染的危险），高压容器（高压爆炸的危险）以及在实验操作过程中的失误操作等。

二、化学品危险源

　　实验室化学品主要指试剂、药品。实验室内使用的很多化学品，有的属于有毒有害物质，有的属于易燃易爆物质，有的属于氧化性危险物，还有的属于高压气体或者腐蚀品。化学品种类多，化学特性繁杂，在日常管理中容易出现定位不清、标志混乱等问题。

　　试剂来料后，应先验收，录入其基础信息，进行标签绑定；检验合格后，才能入库储存。储存时，应注意易燃易爆化学试剂必须存放在专用试剂仓库里，室内温度不宜超过30℃，剧毒品按规定实行"五双"制度（即"双人保管、双人领取、双人使用、双把锁、双本账"的管理制度）管理；氧化性试剂不得与酸类混放，不得与性质抵触的试剂共存，包装要完好、密封；腐蚀类试剂储存容器必须按照不同腐蚀性合理选用，酸类不得与碱类混放，应远离发泡剂、氧化剂及遇水燃烧品；有毒有害品应远离明火、热源、氧化剂、酸类及其他物品，保持通风良好；挥发性的盐酸、硝酸不能存放在一起。

　　取出的化学试剂不能倒回原试剂瓶中，用完的药瓶应随即盖好，不要乱扔、乱倒、乱放。为安全起见，在使用化学试剂之前，应仔细阅读安全信息卡，了解其安全性能是否易燃易爆、是否具有腐蚀性、是否有毒、是否有强氧化性等，要事先穿戴好防护装备，比如防护眼镜、防护服、防护手套等。实验过程中应及时紧封容器，不准饮食，不准用鼻子直接嗅试剂气味，不准标签朝外倒溶剂等，如图2-5所示。

图2-5　实验室常见的禁止行为

要经常检查储存中的化学试剂存放状况，发现试剂超过存储期或变质应及时报告并按规定妥善处理。正常储存条件下，化学试剂储存不宜超过2年，基准试剂不超过1年。实验室常见的危险化学品的危险源及预防应急措施如表2-2所示。

表2-2　危险化学品的危险源及预防应急措施

序号	活动点/部位	危险源及其风险	预防及应急措施
1	易燃易爆化学试剂	闪点在28℃以下，大多易挥发，遇明火即可燃烧	加热时不能直接用加热器，应用水浴加热，配制使用时在通风橱内进行，操作时穿好防护用具，佩戴防护眼镜。阴凉避光处保存
2	有毒化学试剂	氰化钾、氰化钠及其他氰化物，三氧化二砷及某些砷化物、二氯化汞及某些汞盐，硫酸二甲酯等	建立有毒有害药品使用台账，专柜储存，"五双"管理。严格控制使用量。存放区域贴有醒目标志，化学品柜专人专柜上锁储存
3	腐蚀性化学试剂	各类酸碱、PCl_3、Br_2、苯酚、肼等	酸碱药品单独存放，配制时佩戴防护眼镜、耐酸碱手套、耐酸碱围裙。任何化学试剂碰到皮肤、黏膜、眼、呼吸器官都要及时冲洗
4	遇水易燃试剂	K、Na、Li、Ca、电石（CaC_2）等	远离水源、火源，避免与人体接触，以免灼伤皮肤。专人专柜上锁储存，交接班时对危险化学品领用、使用和结存情况进行交接，确认品名和数量
5	强氧化性化学试剂	H_2O_2、KNO_3、$HClO_3$及其盐、$KMnO_4$及其盐、过氧化苯甲酸、P_2O_5等	极易与有机物、铝、锌粉、硫等易燃物形成爆炸混合物，储存环境温度不高于30℃，通风良好，不得与有机物或还原性物质共同使用（加热）

三、电气线路及用电设备危险源

电气系统的危险因素主要表现在：加热设备长时间处于高温环境；实验仪器超龄"服役"；插座、接线板电源设备的不规范使用等。常见电气系统危险源及预防应急措施如表2-3所示。

表 2-3　常见电气系统危险源及预防应急措施

序号	活动点/部位	危险源及其风险	预防及应急措施
1	电线破损及火线外露	引起火灾	用电线路禁止超负荷使用，实验室禁止潮湿，以免引起漏电，线路禁止被腐蚀
2	电炉子	引起火灾、烫伤	在使用前检查电源线是否破损，电炉子附近不能放置易燃物品，不使用时及时关掉电源，不能用手直接接触高温物品
3	电热恒温干燥箱、水浴锅	触电、烫伤	在使用前检查电源是否有破损，水浴锅内不能断水，不能用手直接接触高温物品
4	电气设备的操作	使用不当易造成人员烫伤、烧伤	贴有醒目标志及操作规程；机器经常维修

其中，加热设备如普通电炉、电热套、烘箱、高温箱式电炉等操作不当，极易引起烧伤、烫伤甚至火灾等事故的发生。高温箱式电炉在实验室中常用来进行试样的预处理，使用过程中炉膛温度可高达 1000℃，如不严格按照操作规程规范使用，极易引起烫伤。

实验仪器在实验中若接触潮湿的抹布或拖布等易引起漏电；接触腐蚀介质电器及线路容易被腐蚀引起漏电；人体接触带电体易导致触电事故。

正确使用安全设备，包括正确使用通风橱、生物安全柜、护罩或其他设备。

💬 议一议

与各种设备配套的仪表、电机、插座、插头属于哪类危险源？

四、机械设备危险源

相对于企业生产设备来说，实验室机械设备结构较为简单、功率较小、形体"袖珍"，安全防护设施简单但设备利用率较高，且没有"备用"设备，容易忽视维修保养，导致机械用工不良。常见机械设备的危险源及预防应急措施如表 2-4 所示。

表 2-4　常见机械设备的危险源及预防应急措施

序号	活动点/部位	危险源及其风险	预防及应急措施
1	微生物室紫外线灯杀菌	紫外线灯开启时，人员直接接触对人体和眼睛造成伤害	按规定时间开启紫外线杀菌灯，开启时人员不直接接触。更换紫外线灯及放取物品时须将紫外线灯关闭后操作
		紫外线灯管出现破损对人员造成划伤	紫外线灯管出现破损时将微生物室的玻璃碎片清理干净（制作防护罩或与厂家联系定做）
2	高压蒸汽灭菌器	有烫伤、触电、爆炸的危险	定期检定灭菌锅、压力表、安全阀，严格按照操作规程操作，待灭菌锅降温、降压时开启取放灭菌物品
3	凯氏定氮仪	烫伤、爆炸	检查冷凝器不能断水，不能直接接触高温物品

机械设备通常与实验仪器配套使用，设备中常有玻璃、陶瓷等易破碎配件，在实验操作过程中易发生破裂、破碎。实验室机械设备多数是移动式设备，通常不配备固定的防护装置，也较少有固定的安装位置，容易发生震动导致连接松动。

五、生物危险源

生物危险源是指对于微生物实验、致病原体的研究和传染研究时不可避免的一种因素。常见的有致病的微生物菌落、病源形成的大量气溶胶、导致死亡的外源性病源等。对生物危险源最有用的识别工具就是进行微生物危险度评估，列出微生物的生物危险等级。选择合适的个体防护装备，并结合其他安全措施制定标准操作规范，以确保在最安全的水平下来开展工作。常见生物危险源及预防应急措施如表 2-5 所示。

表 2-5　常见生物危险源及预防应急措施

序号	活动点/部位	危险源	危害及应急措施
1	微生物培养	乙型脑炎病毒	属于第二类病原微生物，执行三级生物安全防护水平（详见项目五、任务一）
		艾滋病毒（Ⅰ型和Ⅱ型）	
		甲型肝炎病毒	属于第三类病原微生物，执行二级生物安全防护水平（详见项目五、任务一）
		巨细胞病毒	
2	微生物检验	双歧杆菌	微生物培养后的培养基，易污染环境对人体造成伤害。配制、接种等操作必须戴口罩，计数过的培养基灭菌后再处理，按照国家规定废物处理要求放到指定地点

六、其他危险源

其他危险源主要是指"物的不安全生产状态"和"人的不安全生产行为"，其中人的失误是占绝大多数的，如实验人员自身安全意识淡薄，自我防护不当，实验操作不规范等。

💡 思考与活动

以小组为单位，说一说你所在的实验室遇到过哪些危险源，你采取了哪些防护措施。

🌐 任务三　做好实验室安全防护

📖 案例导入

2014 年 8 月 2 日，某大学实验室工作人员李某在进行实验时，先后往玻璃封管内加入氨水 20mL、硫酸亚铁 1g、原料 4g，加热温度 160℃。当事人在观察油浴温度时，封管突然发生爆炸，整个反应体系被完全炸碎。当事人额头受伤，幸亏当时戴了防护眼镜，双眼才没有受到伤害。

讨论：1. 事故发生的原因是什么？如何预防并处理危险化学品的遗洒或泄漏事故？
　　　2. 如何做好个人安全防护？

一、通风橱安全操作技术

通风橱主要用来防止实验室中的有害物质被吸入人体或防止有害物质的释放，也能有效防止人们接触化学物质。操作有毒有害、有刺激性气味的试剂时，应在通风橱内进行，并在操作之前打开通风橱的排风扇开关。操作完毕后，不能立即关闭排风扇，应至少再开0.5h，以降低有毒有害气体在室内的浓度。

通风橱内不能存放过多的有毒有害、易燃易爆试剂，最多不能超过2L，并且用完后随时拿走剩余的试剂，放到试剂橱内。在通风橱内加热易燃易爆物品如乙醇等低沸点物质时，不能使用电炉直接加热，应用水浴加热。通风橱开关上不能放置任何物品，不能用湿手开闸，不能用湿布擦拭电器开关。如果使用易燃易爆试剂时突然起火，应立即将其余试剂移出通风橱，用备好的灭火器灭火。如果火势不能迅速扑灭，火势较大，应立即拨打119，同时报告实验室安全员，并立即报告本部门负责人。

通风橱应每月定期维护保养，进行风速检测。打开通风橱待风速稳定10min后，采用风速仪测定不同位置风速（一般有左上、左下、中间、右上、右下五个位置）；风速应在0.3～0.5m/s范围内，各点风速不得超过平均风速的10%。

💬 议一议

实验操作时，什么情况下应该在通风橱内进行？

二、呼吸防护用品安全操作技术

实验室工作过程中的很多物质都会释放烟、雾、蒸气、粉尘以及气溶胶等有害物质，为了尽量减少与这些物质的接触，需要使用呼吸防护用品。防护口罩佩戴方法如图2-6所示。

图2-6　防护口罩佩戴方法

1. 防护口罩

防护口罩是从事和接触粉尘的作业人员必不可少的防护用品。主要用于含有低浓度有害气体和蒸气的作业环境以及会产生粉尘的作业环境。

防护口罩的佩戴方法如下：

（1）面向口罩无鼻夹的一面，使鼻夹位于口罩上方。用手扶住口罩固定在面部，将口罩抵住下巴。

（2）将上方头带拉过头顶，置于头顶上方；将下方头带拉过头顶，置于颈后耳朵下方。

（3）将双手手指置于金属鼻夹中部，一边向内按压一边顺着鼻夹向两侧移动指尖，直至将鼻夹完全按压成鼻梁形状为止，仅用单手捏口罩鼻夹可能会影响口罩的密合性。

（4）佩戴气密性检查。

① 双手捂住口罩快速呼气（正压检查方法）或吸气（负压检查方法），应感觉口罩略微有鼓起或塌陷；若感觉有气体从鼻梁处泄漏，应重新调整鼻夹，若感觉气体从口罩两侧泄漏，应进一步调整头带位置。

② 若无法密合，则不能佩戴此口罩进入危险区域。

2. 半面罩呼吸保护器

半面具面罩可以过滤颗粒物，以及多种气体和蒸气。通常与过滤盒、过滤器配套安装和使用，能够在允许暴露极限（PEL）的 10 倍浓度下提供呼吸保护。面罩一般采用优质的高效静电过滤棉、高级硅质材料，双百叶式进气口保障进气通畅，防止火花和湿气进入，有效延长滤棉使用寿命。结构如图 2-7、图 2-8 所示。

图 2-7　3M™颗粒物呼吸防护套装 1211 型　　　　图 2-8　3M™硅胶半面型防护面罩 7501 型

佩戴方法如下：

（1）解开头带底部搭扣，将面具盖住口鼻。

（2）拉起上端头带，使头箍舒适地置于头顶位置。

（3）双手在颈后将头带底部搭扣扣好。

（4）调整头带松紧，使面具和脸部密合良好。先调整颈后头带，如果头带拉得过紧，可用手指向外推塑料片，将头带放松。

三、其他个人防护用品安全操作技术

1. 头部防护用品

头部防护用品主要是安全帽。使用前应检查安全帽有效期，检查外壳是否有破损、裂痕或凹痕等，帽带、内衬等附件是否完好。安全帽的结构及正确佩戴如图 2-9 所示。

2. 眼部防护用品

眼部防护用品包括护目镜、半面罩、全面罩等。具体要求如表 2-6 所示。

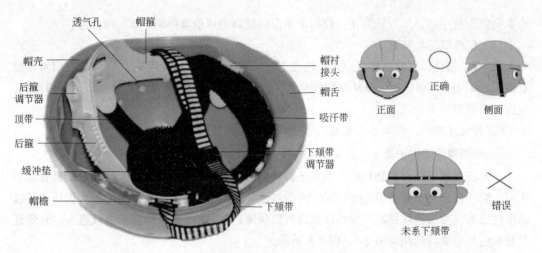

图 2-9 安全帽的结构及正确佩戴

表 2-6 眼部防护用品的使用要求

产品类型	防护功能	选择要点	不适合	图例
防护眼镜	√防冲击	- 选择侧翼，防护来自侧面的冲击物 - 选防雾镜片	×防尘 ×防液体喷溅 ×防气体 ×防焊接弧光	
防护眼罩	√防冲击 √防液体喷溅	- 选择具有间接通气孔 - 选防雾镜片	×防气体 ×防焊接弧光	
焊接面屏	√防焊接弧光 √防冲击	- 选遮光号 - 配安全帽使用	×防尘 ×防液体喷溅 ×防气体	

洗眼器的使用方法

当实验室发生有毒、有腐蚀性物质（酸、碱、有机物等）喷溅到躯体、脸、眼睛或发生火灾引起工作人员衣物着火时，可通过洗眼器的快速和有效冲洗、喷淋，使危害减轻到最低程度，从而保障人员安全。

（1）使用前，先打开进水控制阀，洗眼时，按顺时针方向轻推洗眼开关推板（配备踏板的洗眼器可踩下踏板），洗眼阀门开启。

（2）洗眼器水压情况判断：待洗眼器喷头的柔和泡沫式雾状水流以12～18L/min流出时可以操作。

（3）洗眼操作：双眼靠近洗眼喷头前，用手指撑开眼帘，用手推开阀门冲洗眼睛，冲洗时间最少15min。

（4）结束工作：冲洗完后须将手推阀复位并将防尘盖复位。如仍感不适，应立即就医。

（5）维护与保养：每周需对洗眼器进行一次出水检查，每天需要检查洗眼器指示标志是否完好，外观是否完好，有无锈蚀，阀门开关是否有效，总阀是否处于常开状态，冲眼喷头滤网有无堵塞、出水是否正常，水源是否清澈，洗眼喷头保护罩盖是否完好。

3. 听力防护用品

听力主要防护品是耳塞、耳罩，可明显降低噪音，对耳朵听力具有保护作用。常见耳塞和耳罩如图2-10所示。佩戴可重复使用预成型耳塞时要先用手指紧捏住耳塞的茎干部位，然后一只手捏住耳朵的上方向外拉起，将耳塞圆头的部分塞入耳朵中，另一部分留在外面即可。

  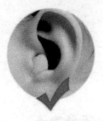

图2-10　听力防护用具耳塞和耳罩

4. 手部防护用品

选择合适正确的防护手套是防护工作的重要步骤，实验室常用手套主要有化学防护手套、防割手套、耐高温手套、防辐射手套等，如图2-11所示。常用的化学防护手套有天然橡胶手套（乳胶手套）、丁腈橡胶手套、聚氯乙烯手套、丁基橡胶手套等，根据需要选择不同的类型。实验室人员在使用手套过程中应注意的安全事项有：

（1）检查手套有无小孔或破损、磨蚀的地方，尤其是指缝。可通过充气法将手套膨胀至原来的1.2～1.5倍，浸入水中，检查是否存在漏气。

（2）戴手套前要洗净双手，防止戴上手套后，手上携带的细菌在温湿的环境下滋生，导致皮炎。若手上存在伤口，戴手套前要治愈或罩住伤口，防止细菌和化学品进入人体，导致二次伤害。

（3）使用手套过程中要特别注意不可将有害物质沾染到皮肤和衣服上，防止造成二次污染。切不可共用手套，防止发生交叉感染。沾染有害化学品的手套要当作化学废物处理，而包含生物污染物的防护手套要作为生物有害物质处理，皆不可随意丢弃。

（4）摘掉手套后应洗净双手，并擦些护手霜以补充天然的保护油脂，防止手部干燥。如果手部出现干燥、刺痒、气泡等，要及时请医生诊治。

耐高温手套　　　防辐射手套　　　化学防护手套　　　防割手套　　　浸塑防油手套

图 2-11　手部防护用品

5.身体防护用品

根据国家《劳动防护用品监督管理规定》和《个体防护装备选用规范》，实验室使用的主要是化学防护服。化学防护服是用于防护化学物质对人体伤害的服装。该服装可以覆盖整个或绝大部分人体，至少可以提供对躯干、手臂和腿部的防护。也可以是多件具有防护功能用品的组合。常见款式如图 2-12 所示。

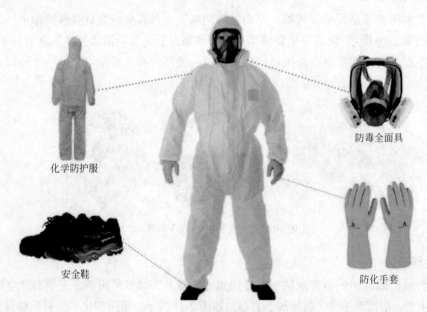

图 2-12　化学防护服常见款式

6.足部防护用品

足部防护用品是防止生产过程中有害物质和能量损伤劳动者足部的护具，按照防护功能主要有防水鞋、防酸碱鞋、防滑鞋、电绝缘鞋等防护鞋/靴。常见的防护鞋材料如图 2-13 所示。

| 防滑花纹 | 防砸钢包头 | 防刺穿钢中板 |

图 2-13　常见的防护鞋材料

💡 思考与活动

仔细观察，选一种实验室的防护设施，说一说它们的正确用法。

⚙ 目标检测

一、单选题

1. 安全标志分为四类，分别是（　　）。

A. 禁止标志、警告标志、指令标志和指示标志

B. 通行标志、禁止通行标志、指令标志和提示标志

C. 禁止标志、警告标志、通行标志和提示标志

D. 通行标志、禁止通行标志、命令标志和提示标志

2. 下面不能在通风橱内进行的是（　　）。

A. 使用有毒有害的试剂时

B. 会产生有刺激性气体时

C. 会释放出大量的热的实验

D. 使用不稳定的易燃易爆化学品时

3. 具有（　　）性质的化学品属于化学品危险源。

A. 爆炸

B. 易燃、腐蚀、放射性

C. 毒害

D. 以上都是

二、多选题

1. 实验室常见的危险源有（　　）。

A. "超龄服役"的加热设备

B. 转动的机械搅拌

C. 脱落标志的化学试剂

D. 有毒的化学试剂

2. 根据《化学品分类和危险性公示　通则》，化学品的危险种类可分为（　　）三大类。

A. 理化危险

B. 健康危险

C. 环境危险

D. 易燃易爆

3. 自燃性试剂应（　　）。

A. 单独储存

B. 存放于试剂架上

C．储存于通风、阴凉、干燥处　　　　D．远离明火及热源，防止太阳直射

4．正确佩戴防护口罩的步骤是（　　　）。

A．将耳带拉至耳后，调整耳带至感觉尽可能舒适

B．面向口罩无鼻夹的一面，两手各拉住一边耳带，使鼻夹位于口罩上方

C．用口罩抵住下巴

D．将双手手指置于金属鼻夹中部，一边向内按压一边顺着鼻夹向两侧移动指尖，直至将鼻夹完全按压成鼻梁形状为止

三、判断题

1．第一类危险源是指可能发生意外释放能量的载体或危险物质以及自然状况，是事故发生的内部因素。（　　　）

2．进入化学、化工、生物、医学类实验室，可以不穿实验服。（　　　）

3．易燃、易爆气体和助燃气体（氧气等）的钢瓶可以混放在一起。（　　　）

4．金属锂、钠、钾及金属氢化物可以与水直接接触。（　　　）

危险化学品分类及安全防护技术

危险化学品是医药化工类职业院校在教学、科研过程中广泛使用的实验用品。因其具有易燃易爆、易中毒、腐蚀性等特征，同时其数量较多，种类繁杂，在储存和使用中可能存在安全隐患，且这些安全隐患无法彻底消除，容易发生安全事故。因此，危险化学品的安全使用是实验室安全的基础，对高校教学、科研与生产活动的顺利开展有着重要的意义。

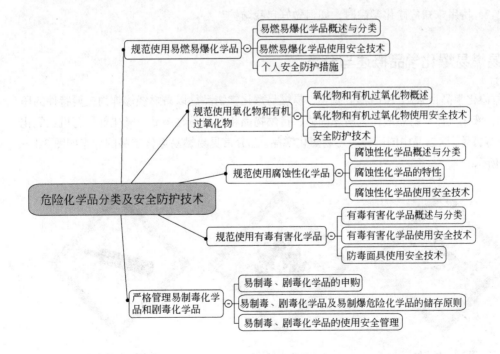

知识目标

1. 掌握危险化学品的分类、不同种类危险化学品的使用与安全防护技术。
2. 熟悉不同类型危险化学品的存储要求。
3. 了解实验室危险化学品的安全管理规定。

能力目标

1. 能正确使用危险化学品。
2. 能科学防范危险化学品引发的事故发生。
3. 能遵守危险化学品储存、使用、领用等各项管理规定，做好安全防护。

任务一　规范使用易燃易爆化学品

案例导入

2021 年 7 月 27 日，某大学药学院发生一起实验安全事故。一博士在清理此前毕业学生遗留在烧瓶内的未知白色固体时，用水冲洗时发生炸裂，炸裂产生的玻璃碎片刺穿该生手臂动脉血管。随后，该生被送到医院救治。医治后，伤情得到控制，无生命危险。

讨论：1. 易燃易爆化学品使用和贮存过程中应遵守哪些安全管理规定？
　　　2. 使用未知危险化学品时，如何做好自我防护？

一、易燃易爆化学品概述与分类

《危险化学品目录》（2015 版）指出，易燃易爆化学物品是以易燃烧爆炸为主要特性的压缩气体、液化气体、易燃液体、易燃固体、自燃物品和遇湿易燃物品、氧化剂和有机过氧化物以及毒害品、腐蚀品中的部分易燃易爆化学品。部分常见易燃易爆化学品的标志如图 3-1～图 3-3 所示。

图 3-1　爆炸物　　　　　　　图 3-2　易燃物　　　　　　　图 3-3　高压气瓶

根据《危险化学品安全管理条例》（国务院令第 591 号）第 23 条规定，公安部编制了《易制爆危险化学品名录》（2017 年版），如表 3-1 所示。

表 3-1　易制爆危险化学品名录

序号	类别	常见化学品	主要的燃爆危险性
1	酸类	硝酸、发烟硝酸、高氯酸	属于氧化性易燃易爆液体
2	硝酸盐类	硝酸钠、硝酸钾、硝酸镁、硝酸钙、硝酸钡、硝酸银、硝酸锌、硝酸铅、硝酸铯、硝酸锶、硝酸镍	属于氧化性易燃易爆固体
3	氯酸盐类	氯酸钠及溶液、氯酸钾及溶液、氯酸铵	属于氧化性易燃易爆固体及液体，氯酸铵属于不稳定爆炸物
4	高氯酸盐类	高氯酸锂、高氯酸钠、高氯酸钾、高氯酸铵	属于氧化性易燃易爆固体，高氯酸铵属于爆炸物
5	重铬酸盐类	重铬酸锂、重铬酸钠、重铬酸钾、重铬酸铵	属于氧化性易燃易爆固体
6	过氧化物和超氧化物类	过氧化氢溶液（含量 > 8%）、过氧乙酸；乙酰过氧化氢、过氧化氢苯甲酰	属于氧化性易燃易制爆液体
		过氧化锂、过氧化钠、过氧化钾、过氧化镁、过氧化钙、过氧化锶、过氧化钡、过氧化锌、过氧化脲	属于氧化性易燃易制爆固体
7	易燃物还原剂类	锂、钠、钾、镁、镁铝粉、铝粉、硅铝、硅铝粉、硼氢化锂、硼氢化钠、硼氢化钾	属于遇水放出易燃气体的固体物质和混合物
		锌尘、锌粉、锌灰	自燃物质和混合物
		金属锆、金属锆粉、六亚甲基四胺、1,2-乙二胺	自燃、易燃固体，易燃液体
		一甲胺［无水］、一甲胺溶液	易燃气体、液体
8	硝基化合物类	硝基甲烷、硝基乙烷、2,4-二硝基甲苯、2,6-二硝基甲苯	易燃液体
		1,5-二硝基萘、1,8-二硝基萘、2,4-二硝基苯酚［含水≥15%］	易燃固体
		二硝基苯酚及二硝基苯酚溶液、2,4-二硝基苯酚钠	爆炸物
9	其他	硝化纤维素［含氮≤12.6%，含乙醇≥25%］（硝化棉）	易燃固体
		硝化纤维素溶液［含氮量≤12.6%，含硝化纤维素≤55%］	易燃液体
		硝化纤维素［干的或含水（或乙醇）< 25%］（硝化棉）	爆炸物
		4,6-二硝基-2-氨基苯酚钠	
		高锰酸钾、高锰酸钠、硝酸胍、水合肼	氧化性固体

💬 **议一议**

用于疫情消毒的酒精是否属于危险化学品？找一找其标志。

二、易燃易爆化学品使用安全技术

(1) 对于实验室领用后暂时不用的危险化学品应存放于固定存放点。

(2) 保证与禁忌物分开存放，在遮光通风阴凉干燥处存放。

(3) 做好防挥发、防泄漏、防火、防爆等安全措施。

(4) 危险化学品的领取由管理员具体负责，领用人领取药品后填写领用记录并签字。

(5) 使用危险化学品时，一定要做好个人的防护。

(6) 禁止用口尝、直接鼻嗅、手直接接触的方法鉴别化学药品或危险品。

(7) 用移液管、吸管吸取液体时，严禁用嘴直接吸。

(8) 药品在器皿中加热时，必须放置平稳，瓶口或管口禁止对着人；在移动沸腾液体时，应放置在隔热石棉网上，轻拿轻放。

(9) 不能把浓酸、浓碱气化剂和有机物质放在一起，否则会引起爆炸和燃烧。

(10) 使用易燃易爆化学品时，应在通风橱内进行，远离热源、火源，在使用过程中需要加热挥发，须采用水浴加热，严禁用明火，加热须在通风橱内进行（电源开关、电源插头等须在通风橱外）。

(11) 对于无标签或掉标签的药品需要经过鉴定，贴上标签后方可使用，无法鉴定的药品和试剂按危险化学品处理，严禁使用不明内容物的药品。

(12) 使用药品时，药品瓶应轻拿轻放，避免碰撞以致打碎药瓶。

(13) 库房保管负责人应每月检查所有化学品的存放、标志、使用等情况，填写检查记录。在贮存期内，发现其品质变化、包装破损、标志不清、渗漏等情况，应及时整改。

知识链接

易燃易爆化学试剂储存注意事项

易燃易爆化学试剂必须存放于专用的试剂仓库里，并存放在不燃烧材料制作的柜、架上，仓库温度不宜超过 30℃。实验室少量瓶装可设危险品专柜，按性质分格储存。同一格内不得混放氧化剂等性质的试剂，并根据储存种类配备相应的灭火设备和自动报警装置。低沸点、极易燃试剂宜低温储存（5℃以下，禁用产生电火花的普通家用电冰箱储存）。

三、个人安全防护措施

(1) 穿隔离服。进入实验室必须穿实验服或防护服。

(2) 戴防护帽。特别是女生，长头发要盘起全部塞进防护帽中。

(3) 穿防静电鞋。防止鞋跟与地面摩擦产生静电引发爆炸。

(4) 有条件的戴防爆手套。

(5) 尽量不要一个人工作，保证一定距离内有他人在工作。

(6) 操作人要严格规范操作实验，试剂使用前要再次确认试剂的名称与性质。

(7) 实验完毕后回收剩余试剂时，应该再次确认回收容器的标签是否正确。切忌不能倒错容器，引发反应产生爆炸或燃烧。

思考与活动

举例说明，在实验室工作，实验服是否为必须穿戴的防护用品。

任务二 规范使用氧化物和有机过氧化物

案例导入

2016 年 9 月，某大学化学与生物实验室发生高锰酸钾爆燃事故，导致两名学生的头部、面部和眼睛灼伤。

讨论：1. 氧化物和有机过氧化物的安全使用规定有哪些？
2. 使用氧化物和有机过氧化物时，如何做好自我防护？

一、氧化物和有机过氧化物概述

氧化物是指处于高氧化态、具有强氧化性、易分解并放出氧和热量的物质，包括含有过氧基的无机物，其本身不一定可燃，但能导致可燃物的燃烧，与松软的粉末状可燃物能组成爆炸性混合物，对热、震动或摩擦较敏感。凡品名中有"高""重""过"的物质（如高锰酸盐、高氯酸盐、重铬酸盐、过氧化钠等），化学性质不稳定，很容易释放出氧，都属于比较危险的化学品。

有机过氧化物是指分子组成中含有过氧基的有机物，其本身易燃易爆，极易分解，对热、震动或摩擦极为敏感。危险化学品中常见的品种有过氧乙酸、过氧化甲乙酮、过氧化苯甲酰等，含有 R—O—O—H 的烷基氢过氧化物（R 为叔丁基或异丙苯基）和 R—O—O—R′ 的二烷基过氧化物（R、R′ 为叔丁基或异丙苯基）。

一般有机过氧化物都对皮肤有腐蚀性，易伤害眼睛，应避免与眼睛接触，有的种类还具有很强的毒性。氧化剂和有机过氧化物的标志如图 3-4 所示。

图 3-4　氧化剂和有机过氧化物的标志

硝酸及硝酸盐、高氯酸及氯酸盐、重铬酸及重铬酸盐，他们是否属于氧化物或过氧化物？过氧化物除了具有易燃易爆危险之外，还具有哪些危险？

二、氧化剂和有机过氧化物使用安全技术

(1) 取出的药剂不能倒回原试剂瓶，取完试剂应随即将试剂瓶盖好，不要乱放、错放，以免产生反应导致燃烧或爆炸。

(2) 使用化学试剂之前应该仔细阅读安全技术说明书（MSDS），提前做好安全防范措施。

(3) 过氧化氢、硝酸钾、高氯酸及其盐、高锰酸钾及其盐、过氧化苯甲酸、五氧化二磷等在适当条件下可放出氧发生爆炸，并且可与有机物、铝、锌粉等易燃物形成爆炸性混合物，在使用时环境温度应不高于 $30°C$，通风良好。

(4) 氧化试剂不得与有机物或还原性物质共同使用（如混合、加热等）。

🧲 知识链接

氧化性化学试剂储存注意事项

氧化性试剂不得与其他性质抵触的试剂共同储存。包装要完好，密封，严禁与酸类混放，应置于阴凉通风处，禁止日光暴晒，防止产生爆炸。

三、安全防护措施

使用氧化剂要遵循以下原则：

(1) 取用时，要戴上胶皮手套，尽量减少用量。

(2) 操作时，要在具有防爆玻璃通风橱内进行。

(3) 加热时，加热速度不可过快，溶液不可蒸干！反应中氧化剂应逐渐加入，控制加入量和加入速度，防止反应过快而失去控制。

(4) 防爆措施齐全，防止撞击，避免接触高温，防热，远离烟火和热源，拒绝明火加热，不能和有机物接触。使用时，要注意轻取轻放，防止剧烈震动。

(5) 有些氧化剂甚至具有不同程度的毒性和腐蚀性，要穿好防护服，戴好防护面具和防护手套，必要时戴好防护目镜。若处理量大时，要穿耐热防护衣。如果反应中产生有毒物质，还要戴好防毒面具。

(6) 做好防潮，单独放置在阴凉通风处，切忌各种氧化物任意混储混运。

(7) 配备灭火毯、灭火用沙子、二氧化碳灭火器等消防用品。

(8) 实验或科研过程中，不能一人单独操作，附近要保证有其他人。

💡 思考与活动

选择一种氧化剂或过氧化物试剂，查阅资料，说明它的危险警示。

任务三　规范使用腐蚀性化学品

📂 案例导入

2016 年 3 月 13 日，某大学实验室废水处理槽里面的液碱泵，因输出管道堵塞而发生故障。当班实验员在没有佩戴护目镜的情况下，用螺丝刀撬开堵塞物，管内碱液突然在残留液体的压力作用下喷出来，溅入实验员双眼，造成实验员双眼重度烧伤。

讨论：腐蚀性化学品有哪些危害？如何做好安全防护？

一、腐蚀性化学品概述与分类

根据《常用危险化学品的分类及标志》，腐蚀性化学品系指能灼伤人体组织并对金属等物品造成损坏的固体或液体，也指与皮肤接触在 4h 内出现可见坏死现象，或温度在 55℃时，对 20 号钢的表面均匀年腐蚀率超过 6.25mm/a 的固体或液体。

腐蚀性化学品按其性质分为 3 类：酸性腐蚀品、碱性腐蚀品和其他腐蚀品。

其中酸性腐蚀品主要包括硫酸、硝酸、盐酸、氢溴酸、甲酸、乙酸、高氯酸、溴素，还有由 1 体积的浓硝酸和 3 体积的浓盐酸混合而成的王水等。碱性腐蚀品主要包括氢氧化钠、硫化钠、乙醇钠、氢氧化钙、氢氧化钾、硫氢化钙、乙醇胺、水合肼等。其他类的腐蚀品包括苯酚钠、氧化铬、次氯酸钠溶液和甲醛溶液等。

腐蚀性化学品的标志如图 3-5 所示。

图 3-5　腐蚀性化学品的标志

💬 议一议

硝酸、浓硫酸除了氧化性还具有什么特性？

二、腐蚀性化学品的特性

(1) 强烈的腐蚀性　对人体和设备、建筑物等的金属结构都有很大的腐蚀和破坏作用。

(2) 氧化性　如硝酸、浓硫酸、过氧化氢、漂白粉等都是氧化性很强的物质，与还原物质或有机物质接触时会发生强烈的氧化还原反应，放出大量的热，容易引起燃烧。

(3) 遇水发热性　多种腐蚀性化学品遇水会放出大量的热，造成液体四处飞溅，致使人员灼伤。

(4) 毒害性　许多腐蚀性化学品本身毒性大，还会产生有毒蒸气，如三氧化硫、氟化氢等。腐蚀性物质通过接触人的皮肤、眼睛或进入肺部、食道等对表皮细胞组织产生破坏作用造成灼伤。

(5) 燃烧性　许多有机腐蚀性化学品具有可燃性，而且会放出易燃蒸气。

三、腐蚀性化学品使用安全技术

(1) 实验用腐蚀性化学品应避开易腐蚀的物品，注意其容器的密封性，并注意室内通风。

(2) 装有腐蚀性化学品的容器必须采用耐腐蚀的材料制作。例如酸液不能用铁质容器，浓碱液不能用玻璃器皿。

(3) 称量腐蚀性固体时应使用表面皿、不能使用称量纸。

(4) 取用腐蚀性化学品时，应穿着合适的实验服，戴好防护手套。

(5) 使用腐蚀性化学品时要格外小心，严格按照操作规程，在通风橱内操作。

(6) 产生腐蚀性挥发气体的实验室，应有良好的全室通风或局部通风，且远离精密仪器室。应将常用腐蚀性化学品的实验室设在高层，利于腐蚀性挥发气体向上扩散。

(7) 在处理腐蚀性化学品废液时，不可直接倒入下水道，应收集起来，交给专业机构处理。如不小心弄伤皮肤或眼睛应按项目八应急方法处理。

(8) 有毒性的、易产生挥发性气体的腐蚀性化学品在配制使用时要特别注意戴好防护眼镜和防毒口罩。

(9) 量取或盛放过腐蚀性化学品的量具或容器要及时清洗干净，以免发生危险。

(10) 腐蚀性化学品的废品处理时，保证作废的药品标志清晰，将废品保管好并负责联系厂家回收，不能回收的药品隔离存放并做好标记，定期送至环保公司统一处理。

知识链接

腐蚀性化学试剂储存注意事项

腐蚀性试剂储存容器必须按不同的腐蚀性合理选用，存放在耐腐蚀药品柜中。酸类应与氰化物、发泡剂、遇水燃烧品、氧化剂等远离，不宜与碱类混放。不宜混放的物质见表3-2。

表3-2　常见的互相作用的物质

主要物质	互相作用的物质	产生结果
浓硝酸、硫酸	松节油、乙醇	燃烧
过氧化氢	乙酸、甲醇、丙酮	燃烧
高氯酸钾	乙醇、有机物、硫黄	爆炸
钾、钠	水	爆炸
乙炔	银、铜、汞化合物	爆炸
硝酸盐	酯类、乙酸钠、氯化亚锡	爆炸
过氧化物	镁、锌、铝	爆炸

思考与活动

以小组为单位，调研实验室的腐蚀性化学品容易发生哪些安全事故。

🔵 任务四 规范使用有毒有害化学品

📚 案例导入

朱某中毒案

朱某，1992 年考入清华大学，在校期间离奇出现铊中毒的症状，导致身体健康遭到极大的伤害。经过救治，朱某虽然保住了性命，但是留下严重后遗症，智力、视觉、机体和语言功能严重受损，生活无法自理，多年来只能靠父母照顾。

讨论：铊是一种剧毒金属，其化合物也有高毒性，该案例说明实验室对毒性化学品的管理存在什么严重问题？

一、有毒有害化学品概述与分类

有毒有害化学品系指进入肌体后，累计达一定的量，能与体液和组织发生生物化学作用或生物物理作用，扰乱或破坏肌体的正常生理功能，引起暂时性或持久性的病理改变，甚至危及生命的化学品。

1. 有毒有害化学品的分类

（1）无机有毒有害化学品　氰、砷、硒及其化合物类，如氰化钾、三氧化二砷、氧化硒等。

（2）有机有毒有害化学品　卤代烃及其卤代物，如氯乙醇、二氯甲烷等；有机磷、硫、腈、胺等化合物类；有机金属化合物，如某些芳香烃、稠环及杂环化合物等。

2. 有毒有害化学品的特性

（1）溶解性　很多有毒有害化学品水溶性或脂溶性较强。其在水中的溶解性越大，毒性越大。有的不溶于水但可溶于有机溶剂，这类物质也会对人体产生一定的毒害性。

（2）挥发性　大多数有机有毒有害化学品挥发性较强，易引起蒸气的吸入性中毒。其挥发性越强，导致中毒的机会越多。一般沸点越低的物质挥发性越强，空气中浓度越高，越容易发生中毒。

（3）分散性　固体性有毒有害化学品颗粒越小，分散性越好，特别是悬浮于空气中的有毒有害化学品颗粒，更容易吸入肺泡而引起中毒。有毒有害化学品的标志及健康危害象形图，如图 3-6 所示。

图 3-6　有毒有害化学品的标志及健康危害象形图

二、有毒有害化学品使用安全技术

（1）有毒有害化学试剂都有毒害，实验前一定要先了解所用试剂的毒害性和防护措施，提前做好防护工作，避免直接触及。

（2）剧毒药品务必落实"五双"管理制度（详见任务五中"三、易制毒，剧毒化学品的使用安全管理"）。履行严格的领用程序，双人领取签字、审批，双人做好使用记录和使用量，剩余试剂要重新放回专用保险柜中进行保管。使用中有不慎洒落的，应立即收起并做解毒处理。

（3）严禁试剂直接入口品尝和用鼻子直接接近嗅闻鉴别。如需鉴别请遵照 MSDS 安全技术说明书执行。

（4）使用有毒试剂和处理有毒气体、产生蒸气的有毒有害化学品，必须在通风橱中进行。

（5）有些试剂能透过皮肤进入人体，应避免与皮肤直接接触，使用时要格外小心，必须佩戴防护手套，操作后立即洗手。接触产生蒸气的有毒气体或悬浮有毒颗粒粉尘，应戴好防毒面具。

（6）有毒有害化学品不要放在太阳直晒或靠近热源的地方。

（7）使用完试剂后，要及时洗手、洗脸、洗澡，更换工作服。

（8）使用后废物不可随便丢弃，应该登记入账、单独存放。

注意：有毒有害化学品在使用前一定要仔细阅读技术说明书，严格按照安全规程操作。

🧲 知识链接

有毒有害化学试剂储存注意事项

有毒有害化学试剂应远离明火、热源、氧化剂、酸类及食品，应在通风良好处储存，一般不与其他种类共同储存，且应按规定贯彻"五双"制度（详见任务五中"三、易制毒，剧毒化学品的使用安全管理"）。

三、防毒面具的使用安全技术

1. 使用前检查

（1）使用前需检查面具是否有裂痕、破口，确保面具与脸部贴合密封性。

（2）检查呼气阀片有无变形、破裂及裂缝。

（3）检查头带是否有弹性。

（4）检查滤毒盒的座密封圈是否完好。

（5）检查滤毒盒是否在使用期内。

2. 佩戴

（1）取出滤毒罐，去掉罐口和罐底的封盖。

（2）将滤毒罐拧紧到面罩上。

（3）佩戴面具　佩戴过程如图 3-7 所示。

① 穿戴时，首先双手将头带分开，把下巴放入下巴托。

② 向下均匀且稳定拉整个头带（确保带子在头顶上放平），先收紧颈部两根头带，再收

紧太阳穴处两根头带，最后收紧头顶上的头带。

③ 戴上防毒面具后，进行密合性测试。

图 3-7　防毒面具佩戴过程

方法一：将手掌盖住呼气阀并缓缓呼气，如面部感到有一定压力，但没感到有空气从面部和面罩之间泄漏，表示佩戴密合性良好；若面部与面罩之间有泄漏，则需重新调节头带与面罩排除漏气现象。

方法二：用手掌盖住滤毒盒座的连接口，缓缓吸气，若感到呼吸有困难，则表示佩戴面具密闭性良好；若感觉能吸入空气，则需重新调整面具位置及调节头带松紧度，消除漏气现象。

3．使用结束

（1）使用后，防毒面具脱卸前须回到良好的环境中。

（2）松开头带，方法是用手指向前推各条带子上的带扣。

（3）抓住面罩下部的连接口，将面罩向外拉，脱下面罩。

（4）将滤毒罐的罐口和罐底用盖子盖好封好，使滤毒罐处于密封状态。

（5）存放好防毒面具，以备下次再用。

4．使用后保养

使用后面罩清洗时请不要用有机溶液清洗剂进行清洗，否则会降低使用效果。要用酒精或 0.5% 高锰酸钾溶液擦洗，然后放阴凉处晾干，用滑石粉保养。滤毒罐使用后立即用原密封端盖密封好，存放在低温、干燥、通风且远离可能被污染的地方。

5．注意事项

（1）防毒面具一般在氧含量 > 18%，有毒气体浓度 < 1% 的环境中使用，严禁在缺氧环境中使用。

（2）滤毒罐易于吸潮失效，不使用时，不得打开罐盖和底塞。使用时，注意拧紧螺纹，以防漏气。使用过程中感到有毒气嗅闻或刺激，应立即停止使用，离开毒气区，更换新罐。

（3）对患有心血管、呼吸系统疾病，贫血，高血压，肾脏病等的患者，应尽量缩短佩戴时间。

（4）防毒面具不得在 65℃ 以上环境中使用及在高温环境中存放。

（5）使用滤毒罐必须记录使用时间和使用人。每当打开封盖时，就开始记录使用时间。使用完毕后，须原密封端盖密封（即上盖下塞），并将使用人姓名、使用日期、使用毒气名称和毒气中停留时间等做好详细记录。

思考与活动

举例说明，实验室的有毒有害化学品有哪些？应如何预防？

任务五　严格管理易制毒化学品和剧毒化学品

案例导入

2013 年 3 月 31 日中午，某大学 2010 级硕士研究生林某将其做实验后剩余并存放在实验室内的剧毒化合物二甲基亚硝胺带至寝室，注入饮水机槽。2013 年 4 月 1 日早上，同寝室的黄某起床后接水喝，饮用后便出现干呕现象，最后医治无效而死亡。被告人林某犯故意杀人罪被判处死刑，剥夺政治权利终身。

讨论： 国家对易制毒、剧毒化学品有哪些特殊管理规定呢？

易制毒化学品本身不是毒品，但其具有双重性，既是一般医药、化工的工业原料，又是生产制造或合成毒品必不可少的化学品。为维护社会经济与秩序的稳定，防止易制毒化学品流入非法渠道，被用于制造毒品，依据《中华人民共和国易制毒化学品管理条例》（2005 年 11 月 1 日起施行）规定，我国对易制毒化学品的生产、经营、购买、运输和进口、出口等各环节施行严格管控。

易制毒化学品是指用于非法生产、制造或合成毒品的原料、配剂等化学物品，包括用以制造毒品的原料前体、试剂、溶剂及稀释剂、添加剂等。易制毒化学品分为三类，第一类是可以用于制造毒品的主要原料，如麻黄素、黄樟脑、异黄樟脑等。第二类、第三类是可以用于制毒的化学配剂，如二类的乙酸酐、乙醚、三氯甲烷等，三类的甲苯、丙酮、硫酸等。国家对易制毒化学品均实行特殊管理。

另外，还有按照国务院安全生产监督管理部门会同国务院公安、环保、卫生、质检、交通部门确定并公布的剧毒化学品目录中的化学品。剧毒化学品是指一般具有剧烈毒性危害的化学品，包括人工合成的化学品及其混合物（含农药）和天然毒素，还包括具有急性毒性、易造成公共安全危害的化学品，如各种氰化物、砷化物等。

一、易制毒、剧毒化学品的申购

1. 易制毒化学品的申购

（1）申请购买第一类中的非药品类易制毒化学品的，应当向所在地省级人民政府公安机关申请购买许可证；购买第二类、第三类易制毒化学品的，应当向所在地县级人民政府公安机关备案。取得购买许可证或者购买备案证明后，方可购买易制毒化学品。

（2）易制毒化学品购买许可证一次使用有效，有效期一个月。

（3）易制毒化学品的使用单位，应当建立使用台账，如实记录购进易制毒化学品的种类、数量、使用情况和库存等，并保存二年备查。

（4）购买、销售和使用易制毒化学品的单位，应当进行易制毒化学品的出入库登记、易制毒化学品管理岗位责任分工以及从业人员的易制毒化学品知识培训。

（5）运输易制毒化学品涉及跨区、跨市级行政区域的，应当向当地公安机关申请运输许可证或者申请备案。

个人不得购买第一类、第二类易制毒化学品。

2. 剧毒化学品、易制爆危险化学品的申购

（1）只有取得危险化学品安全生产许可证、危险化学品安全使用许可证、危险化学品经营许可证的企业，才可凭相应的许可证件购买剧毒化学品、易制爆危险化学品。

规定以外的单位购买剧毒化学品的，应当向所在地县级人民政府公安机关申请取得剧毒化学品购买许可证；购买易制爆危险化学品的，应当持本单位出具的合法用途说明。

个人不得购买剧毒化学品（属于剧毒化学品的农药除外）和易制爆危险化学品。

（2）申请取得剧毒化学品购买许可证，申请人应当向所在地县级人民政府公安机关提交下列材料：

① 营业执照或者法人证书（登记证书）的复印件；

② 拟购买的剧毒化学品品种、数量的说明；

③ 购买剧毒化学品用途的说明；

④ 经办人的身份证明。

县级人民政府公安机关应当自收到前款规定的材料之日起 3 日内，做出批准或者不予批准的决定。予以批准的，颁发剧毒化学品购买许可证；不予批准的，书面通知申请人并说明理由。

剧毒化学品购买许可证管理办法由国务院公安部门制定。

（3）销售剧毒化学品企业应当如实记录购买单位的名称、地址，经办人的姓名、身份证号码以及所购买的剧毒化学品、易制爆危险化学品的品种、数量、用途。销售记录以及经办人的身份证明复印件、相关许可证件复印件或者证明文件的保存期限不得少于 1 年。

剧毒化学品、易制爆危险化学品的销售企业、购买单位应当在销售、购买后 5 日内，将所销售、购买的剧毒化学品、易制爆危险化学品的品种、数量以及流向信息报所在地县级人民政府公安机关备案，并输入计算机系统。

💬 议一议

申购易制毒的剧毒化学品应该在哪里备案?

二、易制毒、剧毒化学品及易制爆危险化学品的储存原则

（1）分类存放　库房内物品应保持一定的间距，分类存放；易制毒化学品必须根据其不同特性专库专储，尤其是第二类、第三类易制毒化学品，应按腐蚀性、易燃性等分类存放；凡用玻璃容器盛装的易制毒化学危险品，严防撞击、振动、摩擦、重压和倾斜。

（2）单独存放、专人管理　剧毒化学品以及储存数量构成重大危险源的其他危险化学品，应当在专用仓库内单独存放。储存剧毒化学品、易制爆危险化学品的单位，应当设置治安保卫机构，配备专职治安保卫人员。

三、易制毒、剧毒化学品的使用安全管理

（1）剧毒化学品必须严格执行"五双"制度，即双人验收、双人保管、双人发放、双锁、双本账的管理制度。易制毒化学品到库后，双人验收；验收人员应校对物品名称、数量、规格，核对无误后入库，应指定双人管理。易制毒化学品按指令限额双人发放，双人复核，双人领用，做好出、入库登记工作。未经批准的人员不得随意进入特殊药品库与危险品仓库。剧毒化学品配制过程应详细记录数量、浓度、配制人、复核人、配制日期、有效期等；使用过程应详细记录消耗量、处理方式、使用人、复核人。

（2）剧毒化学品需有经过相关业务培训的人员使用，使用人员要了解所接触剧毒化学品的性质、特点和安全防护方法及措施；使用中要建立健全安全操作规程和规章制度，剧毒化学品消耗必须严格记录，做到账物相符；剧毒化学品领用后，还要将领用品种、数量以及流向报所在地县级人民政府公安机关备案；使用单位应建立严格领取和及时清退制度。剧毒化学品应批准后，随领随用，领取数量不得超过当天使用量，剩余的要及时退回给保管人员，禁止开架存放，严禁场所私存；使用单位和个人不得自行处理和排放剧毒物品的废渣、废液和废包装等，必须由当地公安机关指定的单位进行处理。

🧲 知识链接

危险化学品出入库管理要点

（1）储存危险化学品的仓库，必须建立严格的出入库管理制度。

（2）出入库前均应按合同进行检查验收、登记。验收内容包括：a.数量；b.包装；c.危险标志。经核对后方可入库、出库，当物品性质未弄清时不得入库。

（3）装卸、搬运危险化学品时应按有关规定进行，做到轻装、轻卸。严禁摔、碰、撞击、拖拉、倾倒和滚动。

（4）装卸对人身有毒害及腐蚀性的物品时，操作人员应根据危险性，穿戴相应的防护用品。

（5）修补，换装，清扫，装卸易燃、易爆物料时，应使用不产生火花的铜制、合金制或其他工具。

💡 思考与活动

剧毒化学品的储存与管理应执行"五双"制度，"五双"是指什么？

⚙️ 目标检测

一、单选题

1．氢氟酸有强烈的腐蚀性和危害性，皮肤接触氢氟酸后可出现疼痛及灼伤，甚至破坏皮肤传播到骨骼。下面有关氢氟酸说法错误的是（　　）。

A. 稀的氢氟酸危害性很低，不会产生严重烧伤

B. 氢氟酸蒸气溶于眼球内的液体中会对人的视力造成永久损害

C. 使用氢氟酸一定要戴防护手套，注意不要接触氢氟酸蒸气

D. 工作结束后要注意用水冲洗手套、器皿等，不能有任何残余留下

2. 下列不属于氧化试剂的是（　　）。

A. 硝酸盐 　　　　　　　　　　　　B. 双氧水

C. 高氯酸钾 　　　　　　　　　　　D. 盐酸

3. 以下药品受震或受热可能发生爆炸的是（　　）。

A. 过氧化物 　　　　　　　　　　　B. 高氯酸盐

C. 乙炔铜 　　　　　　　　　　　　D. 以上都是

4. 下列不具有强腐蚀性的物质是（　　）。

A. 氢氟酸 　　　　　　　　　　　　B. 碳酸

C. 稀硫酸 　　　　　　　　　　　　D. 稀硝酸

5. 下面属于易制毒化学品的是（　　）。

A. 氧化钙 　　　　　　　　　　　　B. 高锰酸钾

C. 硫酸铜 　　　　　　　　　　　　D. 苯酚

6. 有关易制毒化学品存放不正确的是（　　）。

A. 库房内物品应保持一定的间距，分类存放

B. 根据易制毒化学品的不同特性一般存放

C. 第二类、第三类易制毒化学品，应按腐蚀性、易燃性等分类存放

D. 凡用玻璃容器盛装的易制毒化学危险品，严防撞击、振动、摩擦、重压和倾斜。

7. 购买剧毒药品说法错误的是（　　）。

A. 向学校保卫处申请并批准备案

B. 经过公安局审批

C. 经过环保局审批

D. 通过正常渠道在指定的化学危险品商店购买

二、多选题

1. 自燃性试剂应（　　）。

A. 单独储存 　　　　　　　　　　　B. 存放于试剂架上

C. 储存于通风、阴凉、干燥处 　　　D. 远离明火及热源，防止太阳直射

2. 使用危险化学品进行实验时，个人要做到（　　）。

A. 穿隔离服 　　　　　　　　　　　B. 戴防护帽

C. 一个人在现场工作 　　　　　　　D. 用完的试剂随便找个容器倒入

3. 以下药品中，不宜与水直接接触的是（　　）。

A. 电石 　　　　　　　　　　　　　B. 白磷

C. 金属氢化物 　　　　　　　　　　D. 金属钠、钾

4. 下列物质属于有毒有害化学品的有（　　）。

A. 乙二醇 　　　　　　　　　　　　B. 硫化氢

C．乙醇   D．甲醛

5．下列物质属于剧毒化学品的是（   ）。

A．碘甲烷、丙腈   B．氯乙酸、丙烯醛

C．五氯苯酚、铊   D．硫酸钡

三、判断题

1．腐蚀性化学品的特性只有腐蚀性。（   ）

2．使用有毒有害化学品时应该在通风橱进行。（   ）

3．易燃易爆气体和助燃气体（氧气等）的钢瓶可以混放在一起。（   ）

4．高氯酸既属于易燃易爆品又属于氧化试剂，还具有腐蚀性。（   ）

5．公安部门负责危险化学品的公共安全管理，负责发放剧毒化学品购买凭证和准购证，负责审查核发剧毒化学品公路运输通行证，对危险化学品道路运输安全实施监督，并负责前述事项的监督检查。（   ）

6．领取剧毒化学品时，需双人领用（其中一人必须是实验室的教师）。（   ）

7．发生剧毒化学品被盗、丢失、误售、误用后必须立即向当地公安部门报告。触犯刑律的，对负有责任的主管人员和其他直接责任人员依照刑法追究刑事责任。（   ）

实验室电气安全防护技术

电是实验中十分重要的基本能源，但是，当电能失去控制，就会引发各类电气事故。实验室设施设备"超龄服役"，插座、接线板等电源设备不规范使用等，都会引发电气安全事故，其中触电是电气事故中最常见的事故，同时也存在电气火灾、电磁伤害等多种伤害。因此，学习电气基础知识，做到防火、防爆、防触电是实验室安全防护的重点之一。

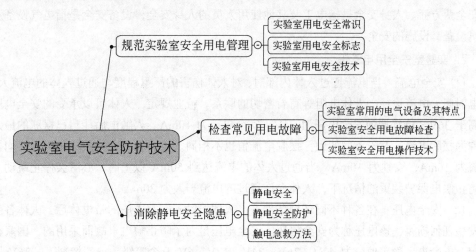

学习目标

知识目标

1. 掌握实验室安全用电技术。
2. 熟悉实验室常用电气设备及安全用电标志。

3. 了解实验室触电救护技术。

能力目标

1. 能完成实验室安全用电的规范操作。
2. 会排查实验中常见的电气故障。
3. 会进行静电防护及触电急救。

🎯 任务一　规范实验室安全用电管理

📽 **案例导入**

2010 年 5 月 26 日，某大学矿业大楼 6 楼一实验室突发火情。事故原因是学生做完实验出门时忘记关电闸，引发火灾，所幸无人受伤。

讨论: 实验室安全用电的要求有哪些? 应采取哪些防护措施?

一、实验室用电安全常识

1. 实验室电气安全

实验室电气安全是指实验室使用的电器产品质量以及安装、使用、维修过程中无任何事故，如人身触电死亡、设备损坏、电气火灾、电气爆炸事故等。电气安全包括人身安全及设备安全两方面。人身安全是指电工及其他使用人员的人身安全; 设备安全是指电气设备及其附属设备、设施的安全。

2. 实验室安全用电常识

(1) 安全电流　当电流通过人体内部时，对人体伤害的严重程度与通过人体的电流大小、通电时间、电流途径、人体电阻等有着密切的联系。行业规定，人体可以承受的安全电压应不高于 36V，持续接触安全电压为 24V，安全电流为 10mA。人触电后能自己摆脱的最大电流称为摆脱电流。对于不同的人，摆脱电流值也不相同。实验表明，一般成年男性平均摆脱电流为 16mA，女性为 10mA，当通过人体的电流达到 50mA 以上时，心脏会停止跳动。在有防止触电保护装置的情况下，人体允许通过的电流一般为 30mA。

(2) 安全电压　在各种不同环境条件下，人体接触到一定电压的带电体后，人体各部分不发生任何损害，该电压称为安全电压。安全电压是为了防止触电事故而采用的，国家标准规定，安全电压额定值分为 42V、36V、24V、12V、6V 五个等级。一般情况下，36V 以下的电压对人体是安全的，但在潮湿环境中，安全电压在 24V 甚至 12V 以下也可能引起人体触电。目前我国采用的安全电压是 36V 和 12V。

(3) 电气线路安全　实验室线路必须按照国家和行业相关标准和要求，合理布线。实验室要安装配电箱，配电箱应有漏电保护器和空气开关，配电箱是安全用电的重要部位，一旦发生事故，争取最短时间拉断电闸; 选用合格、合理插座，电源插座上均标明额定电压与额定功率，使用多联电源插座，过载多种类型电器时，应使电器总功率低于插座的额定功率。

(4) 电气设备用电安全　用绝缘物将带电导体封闭起来，要保证电气设备绝缘，不能对人体产生安全威胁；所有电器外壳都应该保护接地，把用电设备的金属外壳与接地体连接起来，使用电设备与大地紧密相通，保证电气设备保护接地；设备的带电部分与地面及其他部分应保持一定的安全距离，防止人体接触带电体而发生危险。

二、实验室用电安全标志

实验室要经常设置一些安全用电的警示标志，目的是提高用电的安全性，减少用电不安全事故的发生，常用的安全标志如图 4-1 所示。

图 4-1　常用的安全标志

💬 议一议

常见的实验室安全用电标识有哪些？说明其含义。

三、实验室用电安全技术

安全用电的原则是不接触低压（1000V 以下的电压称为低压）带电体，不靠近高压（超过 1000V 的电压为高压）带电体。实验室工作人员必须严格遵守安全用电原则和单位的《实验室安全用电管理规定》，应掌握如下用电安全技术：

(1) 实验室内电气设备及线路设施必须严格按照安全用电规程和设备的要求实施，不许乱接、乱拉电线，墙上电源未经允许，不得拆装、改线。

(2) 在实验室同时使用多种电气设备时，其总用电量和分线用电量均应小于设计容量。连接在接线板上的用电总负荷不能超过接线板的最大容量。

(3) 实验室内应使用空气开关并配备必要的漏电保护器；电气设备和大型仪器须接地良好，对电线老化等隐患要定期检查并及时排除。

(4) 不得使用闸刀开关、木质配电板。

(5) 接线板不能直接放在地面，不能多个接线板串联。

(6) 实验室安全用电的注意事项

① 实验前先检查用电设备，再接通电源；实验结束后，先关仪器设备，再关闭电源。

② 工作人员离开实验室或遇突然断电，应关闭电源。

③ 不得将供电线任意放在通道上，以免因绝缘破损造成短路。

（7）做完实验或离开实验室要及时断电，确保实验装置不带电（例如储能系统电压应在安全电压以下）。

📌 知识链接

实验室安全用电管理规定

（1）实验室师生必须时刻牢记"安全第一，预防为主"的方针和"谁主管，谁负责"的原则，做好实验室用电安全工作。

（2）使用电子仪器设备时，应先了解其性能，按操作规程操作。实验前，先检查用电设备，再接通电源；实验结束后，先关仪器设备，再关闭电源。

（3）若电器设备发生过热现象或出现焦糊味时，应立即关闭电源。

（4）实验室人员如离开实验室或遇突然断电，应关闭电源，尤其要关闭加热电器的电源开关。

（5）电源或电器设备的保险丝烧断后，应先检查保险丝被烧断的原因，排除故障后再按原负荷更换合适的保险丝，不得随意加大或用其他金属线代替。

（6）实验室内不能有裸露的电线头，如有裸露，应设置安全罩；需接地线的设备要按照规定接地，以防发生漏电、触电事故。

（7）如遇触电时，应立即切断电源，或用绝缘物体将电线与触电者分离，再实施抢救。

（8）电源开关附近不得存放易燃易爆物品或堆放杂物，以免引发火灾事故。

（9）电器设备或电源线路应由专业人员按规定装设，严禁超负荷用电；不准乱拉、乱接电线；严禁在实验室内用电炉、电加热器取暖和进行实验工作以外的其他用电。

（10）严格执行学校关于用电方面的规章制度。

💡 思考与活动

以小组为单位进行讨论，如何保证实验室用电安全?

🌐 任务二　检查常见用电故障

📖 案例导入

2018年11月11日上午10点左右，某大学一实验室在实验过程中发生爆燃，强烈的冲击波将实验室大门炸飞，玻璃碴到处都是，当时身处实验室内的多名师生受伤。

造成事故原因：电线短路，导致混放化学品发生爆燃。

讨论：实验室常见的用电故障有哪些? 如何进行用电安全操作?

一、实验室常用的电气设备及其特点

实验室常见的电气设备，如图4-2～图4-7所示。

图 4-2　电炉

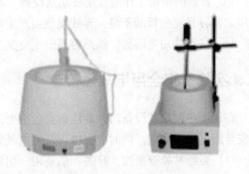

图 4-3　电加热套

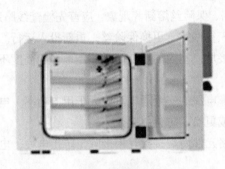

图 4-4　烘箱

图 4-5　电加热棒

图 4-6　高温箱式电炉

图 4-7　电子天平稳压电源

　　除此之外，还有与各种机械设备配套的仪器、电机、插头、插座，它们之间往往进行临时接插连接，并且他们中大多数的用电实验装置是移动式设备。其特点有：

　　（1）用电仪器分散、运行时间不固定，容易造成负荷不均匀、用电仪器之间相互干扰，甚至发生局部线路超负荷、短路等危险。

　　（2）在腐蚀环境中使用，其电器本身及线路容易被腐蚀形成危险因素。

　　（3）使用某些"开放式"电器，如仪器、仪表、操作台面等容易发生人体直接接触带电体导致触电事故。

　　（4）工作仪器在工作中可能带水运行，容易因潮湿引起漏电。

（5）多数的用电工作装置是移动式设备，采用插头、插座进行临时接插连接，电器插头、插座之间容易发生接触不良，导致发热或产生电火花。

（6）移动式用电器具、线路容易发生交叉干扰。

二、实验室安全用电故障检查

在使用各种电气设备时，要注意安全用电，以避免触电事故发生。工作人员必须严格遵照安全用电基本守则，同时掌握排查常见电气故障的方法。

（1）要经常检查电线、开关、插头和一切电器用具是否完整，有无漏电、受潮、霉烂等情况。

（2）线路及电器接线必须保持干燥和绝缘，不得有裸露线路，若发现电线的绝缘皮剥落，要及时更换新线或者用绝缘胶布包好，以防漏电及伤人。

（3）发生电器开关跳闸、漏电保护开关开路、保险丝熔断等现象，应首先检查线路系统，消除故障，并确证电器正常无损后，再按规定恢复线路、更换保险丝，重新投入运行。

（4）检查所有电器的金属外壳确保其保护接地，室内的明、暗插座距地面的高度不应低于 0.3m。

（5）使用的保险丝要与允许的用电量相符，电线的安全通电量应大于用电功率，电器接触点（如电器插头）接触不良时，应及时修理或更换，防止引起火灾。

（6）检查线路中各接点是否牢固，避免电路元件两端接头互相接触，防止电线、电器被水淋湿或浸在导电液体中，以防短路。

（7）电器仪表使用之前要检查线路连接是否正确。经检查确认无误后方可接通电源。

（8）在电器仪表使用过程中若出现异常，如发现有不正常声响，电器或线路过热、局部升温，嗅到绝缘漆过热产生的焦味，设备外壳或手持部位有麻电感觉，开机或使用中保险丝烧断，机内打火出现烟雾，仪表指示超出正常范围，均应立即切断电源，并对设备进行检修。

知识链接

--●

电冰箱的防火、防爆措施

（1）电冰箱内不要存放化学危险物品，如必须存放，则容器要绝对密封，严防气体泄漏。

（2）保证电冰箱后部干燥通风，冷凝器应与墙壁等保持一定距离，切勿在电冰箱后面塞放可燃物。电冰箱的电线不要与压缩机冷凝器接触。

（3）电冰箱电气控制装置失灵时，应立即停机检查修理，要防止温控电气开关进水受潮。

（4）电冰箱断电后，至少要间隔 3～5min 才可以重新启动。

三、实验室安全用电操作技术

（1）遵守实验室安全操作规程，不能用潮湿的手接触电器。打扫卫生、擦拭电气装置时，首先检查电气装置是否断电，确认断电后才能开始擦拭电气装置。严禁用水冲洗或用湿布擦拭电气装置，以防发生短路和触电事故。

（2）实验室做强电实验时，必须两人以上方可开展实验。在实验平台要有警示牌（有电危险）或者警示线。实验过程中要保证有人看守，实验完毕后要及时断电。

（3）已停电的开关柜上必须悬挂"禁止合闸、有人工作"警告牌。

（4）在配电室周围设置醒目的"高压危险、请勿靠近"警告标志，并标明电压等级。

（5）使用电气设备前必须检查线路、插头、插座、漏电保护装置是否完好。电气设备在未验明无电时，一律认为有电，不能盲目触及。

（6）实验开始前先连接好电路再接通电源，实验结束后先切断电源再拆线路。切勿带电插、拔、接电气线路。

（7）长期搁置不用或受潮的工具在使用前，必须由专业电工测量绝缘电阻值，符合要求后才能使用。

（8）移动某些非固定安装的电气设备，如电风扇、照明灯、电焊灯等，必须先切断电源，导线要收拾好，不得在地面上拖来拖去，以免磨损。导线被物体压住时，不要硬拉，防止将导线拉断。

（9）修理或安装电器时应先切断电源。需要带电操作时，必须戴绝缘手套或穿绝缘靴。

（10）电动工具上标有"回"表示双重绝缘，不能用试电笔去试高压电。

（11）在雷雨天，不要走近高压电杆、电塔、避雷针的接地导线 20 米以内，以免发生跨步电压触电。

（12）使用电容器时，千万注意电容的极性和耐压，当电容电压高于电容耐压时，会引起电容爆裂而伤害到人。

（13）节约用电。下班和节假日离开实验室前应关闭空调、照明灯具、计算机等用电器。没有必要开启的电器要随时关闭。

💬 议一议

如果实验室插座不通电了，维修时应注意哪些事项？

🔆 思考与活动

以小组为单位，谈一谈实验室工作中该如何避免发生电气火灾事故。

⚙ 任务三　消除静电安全隐患

📖 案例导入

2018 年 12 月 26 日上午，某大学东校区正在进行垃圾渗滤液污水处理科研试验的实验室发生爆炸，造成三名学生死亡。调查事故原因，发现反应产生的氢气遇静电火花引起闪燃，后又引燃镁粉，最终产生了爆炸。这是一起典型的由静电放电火花引燃易燃易爆气体所发生的安全事故。

讨论：静电放电有哪些危害？静电安全防护措施有哪些？

一、静电安全

1. 静电

静电通常是指静止的电荷，它不是绝对静止，而是由物体间的相互摩擦或感应产生的。物体表面不平滑，相互接触距离小于 25×10^{-8}cm，电子发生转移，形成双电层，当物体迅速分离时，可能导致物体带电。摩擦就是物体紧密接触和迅速分离反复进行电荷分配的一种形式，此外还有撕裂、剥离、拉伸、撞击、挤压、过滤及粉碎等引起的附着带电、感应起电、极化起电、飞沫带电等。另外流淌、沉浮、冻结等方式也会产生静电。同时需要指出的是产生静电的方式不是单一的，而是几种方式共同作用的结果。

2. 静电的危害

（1）干扰实验结果　在实验过程中，如果不消除静电，将会干扰实验结果。静电放电造成的频谱干扰可能会引起电子设备、仪器的运转故障、信号丢失、误码等，也可造成实验室敏感电子元器件的潜在失效，降低电子产品的工作可靠性。

（2）引起爆炸和火灾　静电放出的电火花具有点燃能（电火花能量），在有可燃液体或气体、蒸气爆炸型混合物或有粉尘纤维爆炸性混合物（如氧、乙炔、铝粉等）的实验室作业场所，可能引起火灾和爆炸。

（3）静电电击　人体接近带电物体时（或带静电荷的人体接近接地体时），带电体发生静电放电造成瞬间冲击性电击，也可能引起火灾爆炸事故。

> 💬 **议一议**
>
> 实验室操作各种设施设备时，为什么必须严格遵守其电气安全操作规程?

二、静电安全防护

实验室中不可避免地产生静电，但多数情况下产生的静电还不足以构成危害，真正的危险在于静电的积聚以及由此带来的静电放电。因此，防静电的关键是控制聚集静电荷物体保持在一定的安全电压范围。

（1）消除静电。电子仪器生产使用过程中常采用接地、静电泄漏、耗散、中和、增湿、屏蔽等措施，防止和抑制静电的产生和静电积聚，或使得已产生的静电积聚迅速、安全、有效地消除，从而对静电破坏进行防护。

（2）控制温湿度。保持一定湿度、温度，控制静电防护区的相对环境湿度在45%~75%，温度在18~26℃。在工艺条件许可时，可以安装空调加湿、喷雾器等以提高空气的相对湿度，减少静电危害；保持较低的温度是对静电防护有利的措施。

（3）良好的接地系统。防静电接地系统就是通常所说的静电接地。是将接地的地面、墙面、工作台、设备、仪器、腕带等按工作区域使接地电荷顺次入地的电气联结系统。

（4）静电能造成大型仪器的高性能元器件的损害，危及仪器的安全，也会因放电时瞬间产生的冲击性电流对人体造成伤害，虽不致因电流危及生命，但严重时能使人摔倒，电子器件放电火花能引起易燃气体燃烧或爆炸。因此，必须加以防护，防静电的措施主要有以下几种：

① 防静电区内不要使用塑料、橡胶地板、地毯等绝缘性能好的地面材料，可以铺设导电性地板。

② 在易燃易爆场所，应穿着用导电纤维及材料制成的防静电工作服、防静电鞋、手套。

③ 高压带电体应有屏蔽措施，以防人体感应产生静电。

④ 进入易产生静电的实验室前，应先徒手触摸一下金属接地棒，以消除人体从室外带来的静电；坐着工作的场合，可在手腕上带接地腕带。

知识链接

人体的防静电措施

人体带电除了能使人体遭受电击和对安全生产造成威胁外，还能在精密仪器或电子元件生产过程中造成质量事故，消除人体带静电的主要措施有：

（1）人体接地　在人体接地的场所，应装设金属接地棒。工作人员随时用手接触接地棒，可佩戴接地的腕带，穿戴防静电衣服、鞋和手套，不得穿化纤衣物。

（2）工作地面导电化　工作地面泄漏电阻的阻值，既要小到能防止人体静电积累，又要防止人体触电时不致受到伤害，故阻值要适当，一般为 $3×10^6\Omega$。

（3）进行安全操作　①工作中少组织使人带电的活动；②合理使用规定的动防护用品；③工作中避免急性动作；④在防静电的场所不得携带与工作无关的金属物品；⑤不准使用化纤材料制作的拖布或抹布擦洗物品及地面。

（4）熟悉常见的防止静电产生的标志，如图 4-8 所示。

图 4-8　常见静电防护标志

三、触电急救方法

触电抢救最有效的办法就是现场急救。事故发生后的 4 分钟是急救关键时间。救助者一定不能触电，具体操作如下：

（1）当发现有人触电时，首先迅速切断电源开关或拔出电源插头，如果一时找不到开关，也可用绝缘器具（如干木棒、干衣服、干绳子等）迅速让伤员脱离电线或切断电源线，如图 4-9 所示。

图 4-9 让伤员脱离电线或切断电源线

（2）将脱离电源的触电者迅速移至通风干燥处仰卧，将其上衣和裤带放松，保持呼吸道畅通，观察触电者有无意识和呼吸，摸一摸颈动脉有无搏动。有心跳无呼吸者用人工呼吸法进行抢救；无心跳者，必须立即采用胸外心脏按压法进行抢救。详见项目八任务三中介绍的触电急救方法。

思考与活动

以小组为单位，模拟触电场景，练习胸外心脏按压术和人工呼吸法。

目标检测

一、单选题

1. 当发现有人触电时，首先应该（   ）。

A. 做人工呼吸   B. 等待救护车的到来

C. 迅速切断电源   D. 前去拍拍他的脸

2. 电动工具上标有"回"表示（   ）。

A. 带电   B. 绝缘

C. 双重绝缘

3. 我们帮触电者脱离电源时，可以（   ）。

A. 做好绝缘措施后，单手施救   B. 随便捡根棍子做救护工具

C. 直接用手拉开触电者   D. 发现心脏骤停，即停止抢救

二、多选题

1. 下列行为容易发生触电事故的是（   ）。

A. 用湿手触摸开关   B. 用水清洗在使用的电视

C. 靠着变压器休息   D. 躺在床上玩手机

2．引发电器火灾的主要原因有（　　　）。

A．电器插头接触不良　　　　　　　　B．环境潮湿

C．超负荷用电　　　　　　　　　　　D．电线老化

3．防静电的措施主要有（　　　）。

A．防静电区内不要使用塑料、橡胶地板

B．在易燃易爆场所，应穿着用导电纤维及材料制成的防静电工作服

C．高压带电体应有屏蔽措施，以防人体感应产生静电

D．进入易产生静电的实验室前，应先徒手触摸一下金属接地棒

三、判断题

1．可以用潮湿的手触碰开关、电线或电器。（　　　）

2．触电抢救最有效的办法就是脱离现场后，在通风处急救。（　　　）

3．伤者意识昏迷，但仍有呼吸和心跳也能采用胸外心脏按压术抢救。（　　　）

生物实验室安全防护

学习导读

生物安全在全球已经受到越来越多的重视，特别是全球新冠疫情暴发以来，国内外从专家学者到普通百姓都认识到人类在生物安全领域所面临的严峻挑战。世界卫生组织（WHO）的《实验室生物安全手册》和我国的《实验室生物安全通用要求》中不仅对安全管理有详细的要求，还对实验室的设计原则、设施设备要求以及生物安全防护水平进行了安全风险评估和分级风险控制。

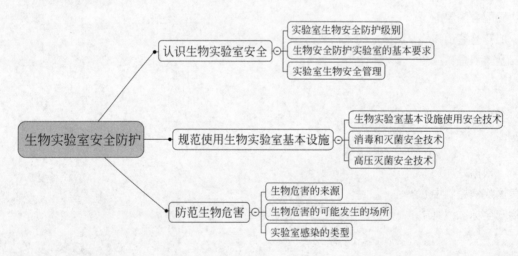

学习目标

知识目标

1. 掌握生物安全的概念、级别及生物废物的处理技术。

2．熟悉生物实验室仪器设施的安全操作技术。

3．了解实验室的生物危害及安全管理制度。

能力目标

1．能识别生物安全等级，按照不同等级要求正确穿戴个人防护用品。

2．能遵守生物实验室安全技术要求和安全管理准则。

3．会处理生物实验过程中产生的废物。

任务一　认识生物实验室安全

案例导入

2014 年以来，美国政府生物实验室接连曝出多起安全事故，引发外界关注。第一起是炭疽杆菌事故。第二起是 H5N1 流感病毒事故。第三起是一个实验室准备搬迁时，在储藏室一个区域内发现 6 个存有天花病毒的玻璃瓶。

讨论：1．生物实验危害与化学品危害有什么不同？

2．生物实验室的安全管理应该注重哪些内容？

党的二十大报告指出"强化食品药品安全监管，健全生物安全监管预警防控体系。"依据最新版的《中华人民共和国生物安全法》(2020 年 10 月 17 日第十三届全国人民代表大会常务委员会第二十二次会议通过) 第三条规定，生物安全是国家安全的重要组成部分。维护生物安全应当贯彻总体国家安全观，统筹发展和安全，坚持以人为本、风险预防、分类管理、协同配合的原则。第四十二条规定，国家加强对病原微生物实验室生物安全的管理，制定统一的实验室生物安全标准。病原微生物实验室应当符合生物安全国家标准和要求。学习生物安全知识是食品药品类专业学生的重要内容。

生物安全内涵包括三个方面：(1) 人类的健康安全；(2) 人类赖以生存的农业生物安全；(3) 与人类生存有关的环境生物安全。

一、实验室生物安全防护级别

根据处理病原微生物的危害程度及所需要的防护水平，我国参照美国国立卫生研究所、美国疾病控制中心的标准，把生物安全实验室分为四个等级，分别对应Ⅰ、Ⅱ、Ⅲ、Ⅳ级生物安全标准，其中一级防护水平最低，四级防护水平最高。

(1) 一级生物安全水平实验室为基础实验室。适用于操作通常情况下不会引起人类或者动物疾病的微生物。

(2) 二级生物安全水平实验室也属于基础实验室。适用于操作能够引起人类或动物疾病，但一般情况下对人、动物或者环境不构成严重危害，传播风险有限，实验室感染后很少引起严重疾病，并且具备有效治疗和预防措施的微生物。

(3) 三级生物安全水平的实验室为防护实验室。适用于操作能够引起人类或者动物严重疾病，比较容易直接或者间接在人与人、动物与人、动物与动物间传播的微生物。

（4）四级生物安全水平的实验室为最高防护实验室。适用于操作能够引起人类或者动物非常严重疾病的微生物，以及我国尚未发现或者已经宣布消灭的微生物。

与微生物危险度等级相对应的实验室类型、操作和设备如表 5-1 所示。

表 5-1　与微生物危险度等级相对应的实验室类型、操作和设备

危险度等级	生物安全水平	实验室类型	实验室操作	安全设施
BSL-1	基础实验室 （一级生物安全水平）	基础的教学、研究	GMT	开放的实验台
BSL-2	基础实验室 （二级生物安全水平）	初级卫生服务：诊断、研究	GMT 加防护服、生物危害标志	开放的实验台、生物安全柜 BSC
BSL-3	防护实验室 （三级生物安全水平）	特殊诊断、研究	二级基础上增加特殊防护服、进入制度、定向气流	生物安全柜 BSC；空调系统及实验基本设备
BSL-4	最高防护实验室 （四级生物安全水平）	危险病原研究	三级防护水平基础上增加气锁入口、出口淋浴、污染物的特殊处理	三级基础上增加正压防护服、双开门高压灭菌器、经过滤的空气

注：BSL 指生物安全实验室；GMT 指微生物学操作技术规范。

二、生物安全防护实验室的基本要求

1. 一级生物安全水平实验室（BSL-1）

进入 BSL-1 实验室的工作人员要通过实验室操作程序的特殊培训，并由一位接受过微生物学及相关科学一般培训的实验室工作人员监督管理。具体要求如下：

（1）实验正在进行或正在操作组织和标本时，应限制人员进入实验室。

（2）操作潜在危险物和摘下手套后要洗手，离开实验室之前也要洗手。

（3）实验室门口应设置挂衣装置，个人便装与工作服分开。

（4）工作区内禁止吃东西、喝水、抽烟、操作隐形眼镜、使用化妆品及储存食物。在实验室戴隐形眼镜的人员应佩戴护目镜和防护面具。

（5）严格禁止用嘴吸移液管，要使用机械吸液装置。

（6）制定并执行尖锐物品的安全操作规范。

（7）所有的实验操作步骤应尽可能小心，减少气溶胶或飞溅物的形成。

（8）工作日结束后，应执行终末消毒处理。如有任何潜在危险物溅出时，工作台表面应立即进行净化消毒处理。

（9）所有培养基、保存物和其他系统管理的废物，在处理之前应使用经审定批准的净化方法（如：高压灭菌法）进行净化处理。

（10）实验室应具备防止昆虫和啮齿类动物在实验室滋生的防护设备。

典型的一级生物安全水平实验室不需要特殊的一级和二级屏障，除需要洗手池外，依靠标准的微生物操作即可获得基本的防护水平。

2. 二级生物安全水平实验室（BSL-2）

除满足 BSL-1 的要求外，实验室门带锁并可自动关闭，门应有可视窗；实验室内配备专

门的防护服装、防护手套，配备生物安全柜、高压蒸汽灭菌器、洗眼设施、应急喷淋装置以及急救箱和消防器材。具体要求如下：

（1）设置警示标志。包括生物危害标志和化学品危险标志以及非工作人员禁止入内的标志。一般在实验室的建筑物入口、实验室入口、实验室操作间、仪器设备等处，应粘贴相应的警示标志，并列明该实验室内存在的各种潜在危险。危害警告标志如图5-1所示。

（2）必须配备初级物理防护屏障。它包括各级生物安全设备和个人防护装备。另外还应做好设施结构和通风等次级防护设计。其平面结构如图5-2所示。

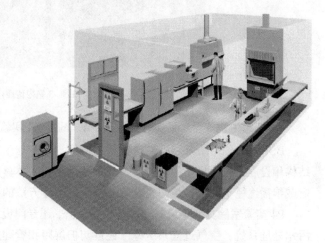

图5-1　张贴于实验室门上的生物危害警告标志　　　　图5-2　BSL-2室内平面结构

（3）感染性材料的操作，如细菌分离、组织培养、鸡胚接种、动物体液的收取等，都应在Ⅱ级生物安全柜内进行。生物安全柜每12个月由生产厂家负责全面检测一次，每次使用生物安全柜时，应注意观察其运行是否正常，并填写使用记录。

（4）实验室所用的任何个人防护装备应符合国家有关标准的要求。在生物危害评估的基础上，按防护级别要求选择适当的个人防护装备，并制定有相应程序控制个人防护装备的选择、使用和维护等。

3．三级生物安全水平实验室（BSL-3）

BSL-3简称P3实验室，其中P是英文"Protect"的简称。P3实验室的结构和设施、安全操作规程、安全设备等能够确保工作人员在处理含有致病微生物及其毒素时，不受试验对象侵染，周围环境不受污染。通常用于预防传染的疫苗。其基本要求如下：

（1）在建筑物中自成隔离区或为独立建筑物，应有出入控制。

（2）由清洁区、半污染区和污染区组成。污染区和半污染区之间应设缓冲间。

（3）污染区与半污染区之间、半污染和清洁区之间应设置传递窗。BSL-3室内传递窗如图5-3所示。

（4）相对室外大气压，污染区为-40Pa，并与生物安全柜等装置内气压保持安全合理压差。独立的送排风系统以控制气流方向和压力梯度，要求送风口和排风口的布置对面分布，上送下排。送排风为直排式，不得采用回风系统。应安装风机和生物安全柜启动自动联锁装置。清洁区设置淋浴装置。

图 5-3　BSL-3 室内传递窗

4. 四级生物安全水平实验室（BSL-4，简称 P4 实验室）

BSL-4 专门用于开展烈性传染病的研究，是全球生物安全最高级别的实验室。实验室的结构和设施、安全操作规程、安全设备适用于对人体具有高度的危险性，通过气溶胶途径传播或传播途径不明，目前尚无有效的疫苗或治疗方法的致病微生物及其毒素。

P4 实验室除其他等级的一般防护措施外，还专门设置有正压防护服、气密门、化学淋浴、污水处理系统、空气过滤系统等，通过防护屏障和管理措施，避免被操作的有害生物因子威胁。在我国武汉国家生物安全（四级）实验室是首个正式投入运行的 P4 实验室。该实验室将为我国提供一个完整的、国际先进的生物安全体系，中国的科研工作者可以在自己的实验室里研究世界上最危险的病原体，BSL-4 的防护装备和工作场景如图 5-4 和图 5-5 所示。

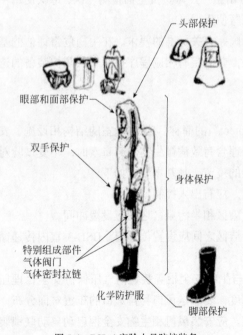

图 5-4　BSL-4 实验人员防护装备

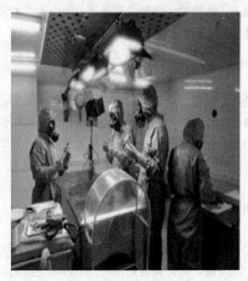

图 5-5　BSL-4 的工作场景

从哪一级开始应该在实验室门上张贴标有国际通用的生物危害警告标志？与实验室工作无关的人员或者动物能不能进入实验室？

三、实验室生物安全管理

1. 进入规定

（1）在实验室门上应标有国际通用的生物危害警告标志。

（2）只有经批准的人员方可进入实验室工作区域。

（3）实验室的门应保持关闭。

（4）儿童不应被批准或允许进入实验室工作区域。

（5）进入动物房，应当经特别批准方可进入。

（6）与实验室工作无关的动物不得带入实验室。

2. 人员防护

（1）在实验室工作时，任何时候都必须穿着工作服。

（2）在进行可能直接或意外接触到血液、体液以及其他具有潜在感染性的材料或感染性动物的操作时，应戴上合适的手套。手套用完后，应先消毒再摘除，随后必须洗手。

（3）在处理完感染性实验材料和动物后，以及在离开实验室工作区域前，都必须先洗手。

（4）为了防止眼睛或面部受到泼溅物、碰撞物或人工紫外线辐射的伤害，必须戴安全眼镜、面罩（面具）或其他防护设备。

（5）严禁穿着实验室工作服离开实验室，如去餐厅、咖啡厅、办公室、图书馆、员工休息室和卫生间。

（6）不得在实验室内穿露脚趾的鞋子。

（7）禁止在实验室工作区域进食、饮水、吸烟、化妆和处理隐形眼镜。

（8）禁止在实验室工作区域储存食品和饮料。

（9）在实验室内用过的工作服不得和日常服装放在同一柜子内。

🧲 **知识链接**

生物安全管理

（1）实验室主任（对实验室直接负责的人员）负责制订和采用生物安全管理计划以及安全或操作手册。

（2）实验室主管（向实验室主任汇报）应当保证提供常规的实验室安全培训。

（3）要将生物安全实验室的特殊危害告知实验室人员，同时要求他们阅读生物安全或操作手册，并遵循标准的操作和规程。实验室主管应当确保所有实验室人员都了解这些要求。实验室内应备有可供取阅的安全或操作手册。

（4）应当制订节肢动物和啮齿动物的控制方案。

（5）如有必要，应为所有实验室人员提供适宜的医学评估、监测和治疗，并应妥善保存相应的医学记录。

3．实验室工作区

（1）实验室应保持清洁整齐，严禁摆放和实验无关的物品。

（2）发生具有潜在危害性的材料溢出以及在每天工作结束之后，都必须清除工作台面的污染。

（3）所有受到污染的材料、标本和培养物在废弃或清洁再利用之前，必须清除污染。

（4）在进行包装和运输时必须遵循国家或国际的相关规定。

（5）如果窗户可以打开，则应安装防止节肢动物进入的纱窗。

思考与活动

通过学习，你认为实验室生物安全防护的内容有哪些？

任务二　规范使用生物实验室基本设施

案例导入

2014 年，美国疾控中心某生物安全防护级别较高的实验室内，一名科学家在灭活炭疽杆菌时，误认为已经灭活病菌，结果导致其他人员无意识接触活体炭疽杆菌。调查显示，相关人员没有严格遵守符合安全标准的研究计划，而实验室也存在安全漏洞，包括缺少记录生物样本何时妥善灭活的标准操作程序、缺少对灭活工作的研究人员监管等。

讨论：生物实验室内的安全事故主要与哪些因素有关？人为失误、实验技能或是仪器使用不当是否是构成这类问题发生的主要原因？

一、生物实验室基本设施使用安全技术

1．天平使用安全技术

（1）所有天平的使用者都必须熟悉操作规程后，才有使用资格。

（2）样品不能直接放在秤盘上称量。

（3）禁止称量外壁潮湿的容器。

（4）轻拿轻放称量样品，严禁在没有保护状态下称量腐蚀性、放射性、敞口液体及其他有可能损害天平的样品。

（5）使用完天平后，关好天平，取下称量物和容器。检查天平上下是否清洁，如有脏物，用毛刷清扫干净。罩好防尘布罩，切断电源，填写天平使用登记后方可离开天平室。常见的天平示意图如图 5-6 所示。

图 5-6　常见的分析天平

2．离心机的使用

（1）将离心机安全平稳地放置于水平面上，使用前应检查是否有破损。

（2）离心机周围 30cm 以上无其他物件，保持足够通风。

（3）对称装载同一转子附件，离心管填充样品量一致，避免不平衡，空离心管一般用蒸馏水来平衡。

（4）超离心时必须装载所有位置，一般在离心机室外装载离心管及样品。

（5）玻璃材质的离心管，最高转速一般不能超过 4000r/min。

（6）离心有污染的样品时，只能在带有密封盖的转子或吊篮中进行。

（7）禁止离心易燃易爆样品。

（8）每次使用后，要清除离心桶、转子和离心机腔的污染。将离心桶倒置存放，使平衡液流干。常见的离心机如图 5-7。

图 5-7　常见的离心机

3．移液器和移液辅助器的使用

移液器又称移液枪，是实验室中一种常用的定量转移液体的仪器。移液器的正确使用是保证实验结果的科学性和严谨性的第一步，移液器结构如图 5-8 所示。

（1）枪头安装　常用的方法是旋转安装，把移液器顶端插入枪头，在轻轻用力下压的同时，左右微微转动，旋转上紧即可。

（2）设定移液器的移液容积　一般移液容积设定要结合粗调和细调，首先通过旋转按钮将体积值迅速调整至接近自己的预想值；然后当体积值接近自己的预想值之后，应将移液器横置，水平放至自己的眼前，通过调节轮慢慢地将容量值调至预想值，从而避免视觉误差所造成的影响。

（3）预洗移液器枪头　为了确保实验的精度和准度，我们在安装了新的枪头或增加了容量值以后，应该把需要转移的液体吸取、排放 2～3 次，这样做的目的是让枪头内壁形成一道同质液膜，使整个移液过程具有更高的重现性。

（4）吸液　先将移液器排放按钮按至第一停点，再将枪头垂直浸入液面，浸入的深度为：P2、P10 小于或等于 1mm，P20、P100、P200 小于或等于 2mm，P1000 小于或等于 3mm，P5mL、P10mL 小于或等于 4mm（浸入过深的话，液压会对吸液的精确度产生一定的影响，当然，具体的浸入深度还应根据盛放液体的容器大小灵活掌握），平稳松开按钮，切记不能过快。

（5）放液　放液时，枪头紧贴容器壁，先将排放按钮按至第一停点，略停顿后，再按至第二停点，这样做可以保证枪头内无残留液体。如果这样操作后还有残留液体存在，就应该更换枪头。

（6）卸掉移液器枪头　卸掉的枪头一定不能和新吸头混放，以免产生交叉污染。移液器用完后调回更大量程。

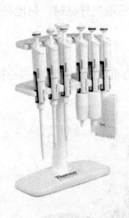

图 5-8　移液器

4．生物安全柜的使用

（1）生物安全柜运行正常时才能使用，其结构如图 5-9 所示。

（2）生物安全柜在使用中不能打开玻璃观察挡板。

（3）安全柜内应尽量少放置器材或标本，不能影响后部压力排风系统的气流循环。

（4）所有工作必须在工作台面的中后部进行，并能通过玻璃观察挡板看到。

（5）尽量减少操作者身后的人员活动。

（6）操作者不应反复移出和伸进手臂以免干扰气流。

（7）不要让实验记录本、移液管以及其他物品阻挡空气格栅，因为这将干扰气体流动，引起物品的潜在污染和操作者的暴露。

（8）工作完成后以及每天下班前，应使用 75%的乙醇对生物安全柜的台面进行擦拭，但切忌用酒精擦拭玻璃挡板。

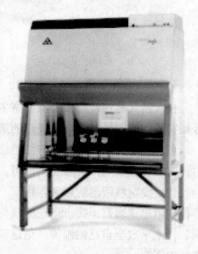

图 5-9　生物安全柜

（9）在安全柜内的工作开始前和结束后，安全柜的风机应须运行 5min 以上。

（10）在生物安全柜内操作时，不能进行文字工作。

5．冰箱与冰柜的维护和使用

（1）强酸及腐蚀性的样品不宜冷冻，物品必须密封保存并留有间隔。

（2）停电时必须关闭冰箱的电源开关，等到恢复正常供电时再打开电源开关，间隔不少于5min，注意保持通风和良好的散热环境，环境温度不超过30℃。

（3）经常存取的样品放在上面两层，需要长期保存、不经常存取的样品宜放在下面二层，物品距四周内胆壁应大于5cm。

（4）冰箱、冰柜清洁除霜时不可用有机溶剂、开水或洗衣粉等对冰箱有害的物质。除霜时应该切断电源，清理出所有在储存物品。在冰箱的每一层放上干净和易吸水的布把水吸收且擦干净。

（5）除非有防爆措施，否则冰箱内不能放置易燃溶液。

6．装有冻干物质安瓿的开启

（1）首先清除安瓿外表面的污染。

（2）如果管内有棉花或纤维塞，可以在管上靠近棉花或纤维塞的中部锉一痕迹。

（3）用一团酒精浸泡的棉花将安瓿包起来以保护双手，然后手持安瓿从标记的锉痕处打开。

（4）将顶部小心移去并按污染材料处理。

（5）如果塞子仍然在安瓿上，用消毒镊子除去。

（6）缓慢向安瓿中加入液体来重悬冻干物，避免出现泡沫。

💬 议一议

血清处理时，使用的移液管可以不经消毒就丢弃处理吗？遇到血凝块可以用口吸液吗？废弃的标本管能不能不经防漏处理就直接高压灭菌？

二、消毒和灭菌安全技术

消毒（disinfection）是杀死微生物的物理或化学手段，但不一定杀死其孢子。灭菌（sterilization）是指杀死和（或）去除所有微生物及其孢子的过程。

常用的消毒灭菌方法有两大类：即物理消毒灭菌法和化学消毒灭菌法。物理消毒灭菌法是利用物理因素如高温、辐射、过滤等方式将微生物消除或杀灭的方法。化学消毒灭菌法是采用各种化学物品来消除或杀灭微生物的方法。

下面介绍几种常用的消毒灭菌安全技术，如表5-2所示。

表5-2　常用的消毒灭菌安全技术

消毒灭菌法		常用的方法	适用范围	备注
物理消毒灭菌法	高温蒸汽法	压力104.0～137.3kPa，121～126℃，30min	能耐高温、耐高压、耐潮湿的物品如金属、玻璃、橡胶、搪瓷、辅料等	最常用
	煮沸法	100℃，15～20min；杀灭芽孢细菌的需要100℃，60min或压力锅124℃，10min	金属、玻璃、橡胶制品等	时间从水煮沸后算起，中途加入物品时需要重新计算灭菌时间

消毒灭菌法		常用的方法	适用范围	备注
物理消毒灭菌法	紫外灯灭菌法	利用波长为2540Å的紫外线,每10m²安装30W的紫外灯灯管,有效距离不超过2m,消毒时间30~60min	主要用于空气消毒	器具表面灭菌一般要经肥皂水洗净后,再经清水洗净擦干后在紫外线下灭菌,包好备用
		有效距离25~60cm,消毒时间物品摊开或挂起,使其充分暴露以受到直接照射,消毒时间20~30min	用于物品表面消毒	
	过滤灭菌法	用筛除或滤材吸附等物理方式除去微生物,是一种常用的灭菌方法	不能受热的物品,如含有可溶性或不稳定物质的培养基、试验液体和液状医药品等	不能滤除病毒
化学消毒灭菌法	擦拭法	75%乙醇溶液,30min	用于皮肤、物品表面及医疗器械等表面消毒;不适用于手术器械消毒、黏膜及创面消毒	稳定性差,现配现用
		2%来苏尔溶液擦拭	药品柜、氧气筒、器械台以及易受污染的物体表面	
	药物浸泡法	1‰新洁尔灭溶液,30min 1‰洗必泰溶液,30min 10%甲醛溶液,30min 2%戊二醛溶液,30min 含氯消毒液	用于浸泡不耐热器械如刀片、镊子、剪刀等锐器	现配现用,每周更换一次
	甲醛蒸气熏蒸法	适用甲醛熏蒸柜,每10m³的空间适用高锰酸钾10g+40%甲醛4mL,熏蒸1h	用于解剖间、手术间消毒,一般不用于房间空气消毒	熏蒸1h可达到消毒目的,灭菌需6~12h

知识链接

常见消毒液浓度配置及使用方法

消毒是疫情防控的重要措施。常用的消毒剂包括含氯的84消毒剂、过氧乙酸消毒液、酒精消毒剂,其浓度一般采用质量体积分数(w/v)来表示,表5-3说明其配制及使用方法。

表5-3　常用消毒液的浓度配置及使用方法

消毒剂的种类	常用浓度	配制方法	适用范围	安全注意
含氯消毒剂	500mg/L	5%浓度84消毒液按1:99配制	用于餐饮具的消毒	浸泡30min后必须用清水洗净后方可使用
	1000mg/L	5%浓度84消毒液按1:49配制	用于地面、墙面、门窗、电梯、门把手、桌椅、扶手、水龙头、饮水机把手、拖布、抹布、垃圾桶等的消毒	消毒作用30min后可用清水冲净。配制和使用时戴好口罩、手套,穿好工作服、水鞋

消毒剂的种类	常用浓度	配制方法	适用范围	安全注意
过氧乙酸	0.5%	过氧乙酸 A 液和 B 液各一瓶混合均匀后，静置48h，按 1:29 配制	用于地面、室内空气等的喷洒消毒	喷洒时需在无人的情况下进行，喷洒1小时后，开窗通风。配制和使用时戴好口罩、手套，穿好工作服、水鞋，注意防火
乙醇	75%乙醇	500mL 装 95%乙醇，加 133.3mL 水，得到 75%乙醇。2.5L 装 95%乙醇，加 666mL 水，得到 75%乙醇	用于手、手机、钥匙、门把手、桌椅、扶手、水龙头、饮水机把手、电梯按键、电脑、键盘、鼠标、废弃口罩、垃圾桶等的消毒	使用时注意防火

注意事项：消毒液储存在避光、通风处；每种消毒液单独配制、使用，配制和使用时穿好工作服、水鞋，戴好长乳胶手套、口罩，避开明火。

三、高压灭菌安全技术

1. 高压灭菌参数

常见正确装载的高压灭菌器的灭菌效果参数主要有四种组合：(1) 134℃、3min；(2) 126℃、10min；(3) 121℃、15min；(4) 115℃、25min。

2. 高压灭菌器的装载

为了利于蒸汽的渗透和空气排出，高压灭菌物品应松散包装放置在灭菌器内。要使蒸汽能够作用到其内容物。

3. 高压灭菌器使用注意事项

(1) 高压灭菌器的操作和日常维护应设置专人执行。

(2) 经常检查灭菌器电源线接地是否良好，柜腔、门的密封性以及所有的仪表和控制器是否良好，安全阀、放气阀上的铅封及螺丝不得任意拆启。

(3) 与蒸汽介质接触引起爆炸或突然升压性的化学物品不得用灭菌器灭菌。

(4) 灭菌器中堆放的物品不得超过容积的 4/5，否则将存在安全隐患。

(5) 堆放灭菌器物品时，严禁堵塞安全阀、放气阀的出气孔，必须留有空位确保空气畅通，否则安全阀和放气阀会因出气孔堵塞不能工作，造成事故。

(6) 当灭菌液体时，应将液体灌装在耐热玻璃瓶中，以不超过 3/4 体积为好，瓶口选用棉花棉纱，切勿使用打孔的橡胶或软木塞。

(7) 对不同类型、不同灭菌要求的物品，如敷料和液体等切勿放在一起灭菌，以免造成损失。

(8) 灭菌结束后，不能立即释放蒸汽，必须待压力表指针回零后方可排放余气。

💡 思考与活动

查阅资料，说一说手动的高压灭菌器该如何正确操作。

任务三 防范生物危害

案例导入

公元 5 世纪下半叶，鼠疫菌病从非洲侵入中东，进而到达欧洲，造成大约 1 亿人死亡；1845 年马铃薯晚疫病侵入欧洲，造成历史上著名的大饥荒，夺去了数十万人的生命；2003 年在我国暴发的传染性非典型性肺炎（严重急性呼吸综合征，SARS），2004 年开始在全球范围内流行的禽流感，2019 年底全球肆虐新冠疫情，给世界人民生命健康、社会经济带来了严重的损害和影响，同时也促进了人们对烈性传染性疾病病原体危害的认识，引起了各国政府的高度重视和广大科技工作者的极度关注。

讨论：生物危害的来源有哪些?

一、生物危害的来源

生物危害是指一个或其中部分具有直接或潜在危害的传染因子，通过直接传染或者破坏周围环境间接危害人、动物以及植物的正常发育过程。生物危害是指任何导致消费者健康问题的生物因素，包括有害的细菌、病毒、真菌（霉菌、酵母）、寄生虫。生物技术的研究和应用是一把双刃剑。它给医药研究、疫苗开发、环境监测、垃圾处理、基因武器带来变革的同时，也给转基因产品的出现、抗生素使用、生物多样化产生很多负面影响。

1. 致病微生物本身的危害

根据导致危害的微生物的类别，可以将生物危害分为细菌危害、病毒危害、真菌危害和寄生虫危害。

2. 外来生物的入侵

无意引进和有意引进的入侵物种如原产南美洲的水葫芦现已遍布我国东部河湖水塘，疯长成灾，严重破坏水生生态系统的结构和功能，导致大量水生动植物的死亡。

3. 转基因生物可能的潜在危害

转基因生物是通过现代生物重组 DNA 技术导入外源基因的生物，因此在某种意义上说，转基因生物也是外来生物。转基因技术既可以造福人类又可以危害人类。

4. 生物恐怖活动

生物恐怖活动是指利用生物学手段或传染因子（如细菌、病毒、真菌等）造成人们的伤害和极度恐惧。它包括投放或针刺传染性和有毒的生物物质等，如美国遭受炭疽袭击事件就是一个典型例子。

二、生物危害的可能发生的场所

1. 医学、生物研究实验室

医学、生物研究实验室是我国传染性疾病发现、控制、预防研究的重要基础平台，负责各种传染性病原体的病原学、流行病学、致病机理等相关研究。

2．生物科技公司实验室

生物科技公司实验室致力于人类和其他常见物种的疾病相关的药物靶点抗原和蛋白研究技术等。

3．高等院校实验室

高等院校实验室主要针对生物安全实验室、酶工程实验室、生化及微生物分析实验实训中心、细胞工程与基因工程技术实验实训室、病原体病理学研究实验室、水质与固体废物监测实验室等可能产生的有害废物安全管理。

4．医院及医院实验室

医院及医院实验室可能产生由微生物，尤其是病原微生物引起的包括细菌、病毒、寄生虫等引起的生物危害。

5．疾病控制与预防机构实验室

疾病控制与预防机构实验室主要是在处理重大疫情、突发公共卫生事件，建立国家重大疾病、中毒、卫生污染、救灾防病等重大公共卫生问题的应急反应系统。

6．口岸及进出入境检验检疫部门

检验检疫机构主要工作内容是对国境口岸的商品（包括动植物产品、生物因子恐怖事件）实施卫生检疫及口岸卫生监督。

💬 议一议

生物危害可能发生的场所有哪些？生物危害主要是通过什么途径引起的？

三、实验室感染的类型

1．事故性感染

实验人员操作过程中的疏忽，导致本来接触不到的病原微生物，可直接或间接地感染实验室人员甚至危及周围环境。

2．气溶胶导致的实验室感染

实验中病原微生物以气溶胶形式飘散在空气中，工作人员吸入而导致感染。

3．动物性感染

被病原微生物感染的实验动物可能对实验人员产生感染。

4．人为制造感染

人为制造感染主要包括针尖刺伤、液体泼洒等因意外事故引起的感染。

常见的实验室感染原因及比例如表 5-4 所示。

表 5-4　常见实验室感染的原因及比例

感染原因	1930～1950 年		1950～1963 年	
	例数	构成比例/%	例数	构成比例/%
工作接触	274	20.4	180	28.1
气溶胶	173	12.9	161	25.1

感染原因	1930～1950 年		1950～1963 年	
	例数	构成比例/%	例数	构成比例/%
意外事故	215	16.0	158	24.6
饲养动物	139	10.4	83	13.0
临床样本	175	13.0	17	2.7
处理废弃玻璃器皿	20	1.5	15	2.3
尸体解剖	98	7.3	12	1.9
未确定	248	18.5	15	2.3
合计	1342	100.0	641	100.0

思考与活动

查阅资料，说一说实验室生物感染的主要来源有哪些。

目标检测

一、单选题

1. 根据《病原微生物实验室生物安全管理条例》规定，从（　　）级别生物实验室开始，应在其门上张贴生物危害警告标志。

A. BSL-1　　　　　　　　　　　B. BSL-2

C. BSL-3　　　　　　　　　　　D. BSL-4

2. 有关生物安全的内涵描述不正确的是（　　）。

A. 涉及人类的健康安全

B. 涉及人类赖以生存的农业生物安全

C. 涉及与人类生存有关的环境生物安全

D. 实验室动物安全

3. （　　）实验室应该安装风机和生物安全柜启动自动联锁装置，并在清洁区设置淋浴装置。

A. BSL-1　　　　　　　　　　　B. BSL-2

C. BSL-3　　　　　　　　　　　D. BSL-4

二、多选题

1. BSL-2 主要配备的设施有（　　）。

A. 生物安全柜　　　　　　　　　B. 护目镜

C. 防护服　　　　　　　　　　　D. 防护手套

2. 生物安全柜的使用注意事项（　　）。

A. 避免双臂频繁穿过气幕破坏气流

B. 打开风机 5～10 分钟，待柜内空气净化气流稳定后，双臂缓缓伸入

C．柜内物品摆放应做到清洁区、半污染区与污染区基本分开

D．操作时应按照从清洁区到污染区进行，以避免交叉污染

3．实验室感染的主要来源有（　　）。

A．被污染的标本　　　　　　　　B．被污染的仪器设备

C．操作过程中引起的污染　　　　D．实验动物通过呼吸、粪便等引起的污染

三、判断题

1．污染的移液管应完全浸入适当的消毒液中，并在消毒液中浸泡适当时间后再进行处理。（　　）

2．在安全柜内的工作开始前和结束后，安全柜的风机应至少运行5～10min。（　　）

3．离心管在使用前应检查是否破损。（　　）

4．离心桶的装载、平衡、密封和打开必须在生物安全柜内进行。（　　）

5．空离心桶应当用蒸馏水来平衡。（　　）

項目六

实验室仪器设备使用安全技术

⮕ 学习导读

实验室仪器设备的使用安全是实验室管理工作的重要组成部分，按照操作规程正确使用仪器设备，并做好其保养与维护，关系到仪器的完好率、使用率和实验教学的开出率，关系到实验结果的准确性和科学性。实验室部分高温、高压仪器设备具有一定的危险性，如操作失误或使用不当可能会引起较大安全事故，所以在使用这些仪器设备时必须做好预防措施，并做好仪器设备的使用管理工作。

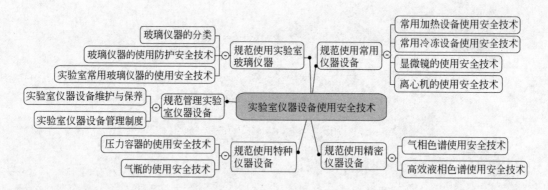

📚 学习目标

知识目标

1. 掌握实验室仪器设备的使用安全技术及管理制度。
2. 熟悉实验室仪器设备的结构组成。
3. 了解实验室仪器设备的分类。

能力目标

1．能自觉遵守实验室仪器设备安全技术规定。
2．能根据实验室安全要求进行规范操作。
3．能按实验室的仪器设备管理制度正确维护、保养。
4．能养成良好的实验室安全意识。

任务一　规范使用实验室玻璃仪器

案例导入

2011 年 6 月 21 日下午，在某大学一座实验教学楼内发生玻璃仪器爆炸事故，实验室内一名女生面部被炸伤。所幸女生被及时送往医院，眼睛内的碎玻璃也被及时取出。

讨论：1．造成玻璃仪器事故的主要因素有哪些？
　　　2．使用玻璃仪器时应注意哪些事项？

一、玻璃仪器的分类

1．按照材质分类

主要分为软质玻璃和硬质玻璃两大类。

（1）软质玻璃（普通玻璃）　耐温、硬度、耐腐蚀性能较差，透明度高，一般用于制造不需加热的仪器，如试剂瓶、漏斗、量筒、移液管等。

（2）硬质玻璃（高硼硅玻璃）　具有良好的耐温、耐温差、耐腐蚀、耐冲击性，可用于加热，如烧杯、烧瓶、试管、蒸馏瓶、冷凝管等。

2．按照用途和结构特征分类

（1）烧器类　是指那些能直接或间接地进行加热的玻璃仪器，如烧杯、烧瓶、试管、锥形瓶、碘量瓶、蒸发器、曲颈瓶等。

（2）量器类　是指用于准确测量或粗略量取液体容积的玻璃仪器，如量杯、量筒、容量瓶、滴定管、移液管等。

（3）瓶类　是指用于存放固体或液体化学药品、化学试剂、水样等的容器，如试剂瓶、广口瓶、细口瓶、称量瓶、滴瓶、洗瓶等。

（4）管、棒类　该类玻璃仪器种类繁多，按其用途分有：冷凝管、分馏管、离心管、比色管、虹吸管、连接管、调药棒、搅拌棒等。

（5）有关气体操作使用的仪器　是指用于气体的发生、收集、储存、处理、分析和测量等的玻璃仪器，如气体发生器、洗气瓶、气体干燥瓶、气体的收集和储存装置、气体处理装置和气体的分析、测量装置等。

（6）加液器和过滤器类　主要包括各种漏斗及与其配套使用的过滤器具，如漏斗、分液漏斗、布氏漏斗、砂芯漏斗、抽滤瓶等。

（7）标准磨口玻璃仪器类　是指那些具有磨口和磨塞的单元组合式玻璃仪器。上述各种玻璃仪器根据不同的应用场合，又分为标准磨口、非标准磨口两大类。

（8）其他类　是指除上述各种玻璃仪器之外的一些玻璃制器皿，如酒精灯、干燥器、结晶皿、表面皿、研钵、玻璃阀等。

📚 知识链接

洗涤玻璃仪器的方法与要求

（1）一般的玻璃仪器（如烧瓶、烧杯等）用自来水冲洗后用肥皂、洗衣粉毛刷刷洗，再用自来水清洗，最后用纯化水冲洗3次（应顺壁冲洗并充分振荡，以提高冲洗效果）。

（2）计量玻璃仪器（如滴定管、移液管、量瓶等）也可用肥皂、洗衣粉洗涤，但不能用毛刷刷洗。

（3）精密或难洗的玻璃仪器（滴定管、移液管、量瓶、比色管、玻璃垂熔漏斗等）先用自来水冲洗后，沥干，再用铬酸清洁液处理一段时间（一般放置过夜），然后用自来水清洗，最后用纯化水冲洗3次。

（4）洗刷仪器时，应首先将手用肥皂洗净，防止手上的油污物沾附在仪器壁上，增加洗刷的困难。洗净的玻璃仪器应该不挂水珠。

二、玻璃仪器的使用安全防护技术

(1) 使用玻璃仪器前要仔细检查仪器完好性，避免使用有裂痕的仪器，尤其是用于减压、加压、加热等操作的仪器，防止发生爆炸，引发安全事故。

(2) 使用干净的玻璃仪器，必要时要对玻璃仪器进行干燥。

(3) 玻璃仪器容易破碎，使用时要拿好或固定好，用试管夹玻璃仪器时要控制松紧适度。

(4) 安装容易发生破碎的玻璃仪器时，操作人员最好戴手套或用布包裹操作。

(5) 截断玻璃管（棒）时，操作人员先用锉刀锉出凹痕，再用布包裹住玻璃管折断。

(6) 当玻璃部件插入胶管或胶塞中时，操作人员应检查孔径是否合适，务必用手握在玻璃部件靠近插件的部位缓缓旋进，插入时可在玻璃管上沾些水或甘油作润滑剂。

(7) 不能在玻璃部件固定的情况下，使之与胶管、胶塞连接。

(8) 拿取盛有溶液的烧瓶或其他玻璃容器时，不要只拿其颈部，应该一手拿住颈部，一手托住底部。

(9) 将固体或金属块状药品放入玻璃容器时，要先横放，再缓慢竖起，以免药品击破玻璃。

(10) 进行真空或加压操作时，最好使用厚壁玻璃。

(11) 磨口仪器长期不用时，应在瓶塞与瓶口间加放纸条，以防开启困难。存放碱性溶液或浓盐溶液时，不能用磨口仪器，应该采用非磨口仪器，并配以橡胶塞或软木塞保存。

(12) 打开封闭管或塞紧胶塞的容器时，因其内压易发生喷液或爆炸事故，故开启时一定要注意安全。

(13) 洗涤玻璃仪器要选择合适的去污剂，尽量不要用铬酸洗液洗，容易造成环境污染；

用铬酸洗液洗涤盛有机物的仪器时，可能出现爆炸事故。

（14）切勿加热软质玻璃材质的仪器！如量器或容器等。

（15）由于玻璃仪器壁薄，机械强度低，加热时必须小心，加热部位不能有气泡、印痕或壁厚不均等问题。尤其是厚壁容器，切勿骤冷骤热。配制溶液应在烧杯或瓷器中进行，切勿将热溶液或水倒入厚壁容器中。

（16）加热玻璃容器时，要注意是否盛有或产生可燃性气体，加热前要排净可燃性气体或空气，以防爆炸！使用试管加热时，切勿使管口朝向自己或他人，以防溶液溅出伤人；经过加热的玻璃仪器，难以观察，禁止直接用手接触，防止被烫伤。

三、实验室常用玻璃仪器的使用安全技术

1. 精密仪器

（1）滴定管　滴定管容量一般为 5mL、10mL、25mL、50mL、100mL，分为碱式滴定管（聚四氟乙烯活塞）和酸式滴定管。使用注意：活塞要原配、漏水不能使用、不能加热、不能长期存放碱液、碱式滴定管不能放与橡皮作用的滴定液。滴定管如图 6-1 所示。

（2）移液管（单标线吸量管）　常见规格有 10mL、25mL，主要用于准确移取一定量的液体。使用注意：不能加热、上端和尖端不可磕破。移液管如图 6-2 所示。

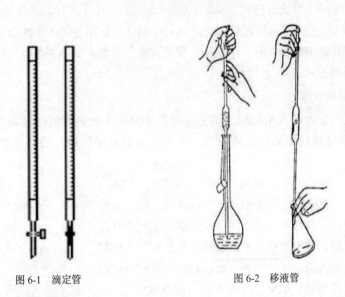

图 6-1　滴定管　　　　　　　　　　图 6-2　移液管

（3）分度吸量管　常见规格有 0.1mL、0.2mL、0.25mL、0.5mL、1mL、2mL、5mL、10mL、25mL、50mL，分为完全流出式和不完全流出式两种。主要用于准确移取各种不同量的液体。使用注意：不能加热、上端和尖端不可磕破。分度吸量管如图 6-3 所示。

（4）容量瓶　常见规格有 5mL、10mL、25mL、50mL、100mL、200mL、250mL、500mL、

1000mL、2000mL，量入式，分无色和棕色两种。主要用于配制准确体积的标准溶液或被测溶液。使用注意：非标准的磨口塞要保持原配，漏水的不能用，不能在烘箱内烘烤，不能用直火加热，可用水浴加热。容量瓶如图 6-4 所示。

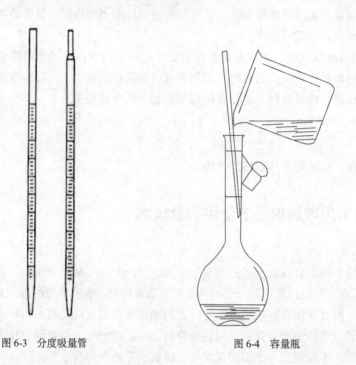

图 6-3　分度吸量管　　　　　　　图 6-4　容量瓶

（5）量筒、量杯　常见规格有 5mL、10mL、25mL、50mL、100mL、250mL、500mL、1000mL、2000mL。主要用于粗略量取一定体积的液体。使用注意：不能直接加热，不能盛装热溶液，不能在其中配制溶液，不得作为反应容器，不能在烘箱中烘烤，注入液体操作时要沿壁加入或倒出溶液。

2．非精密玻璃仪器

（1）称量瓶　分为矮型和高型。矮型主要用于测定干燥失重或在烘箱中烘干基准物；高型用于称量基准物和样品。使用注意：不可盖紧磨口塞烘烤，磨口塞要原配。称量瓶如图 6-5 所示。

（2）试剂瓶　容量一般为 30mL、60mL、125mL、250mL、500mL、1000mL、2000mL、10000mL、20000mL。细口瓶用于存放液体试剂，广口瓶用于装固体试剂；棕色瓶用于存放见光易分解的试剂。使用注意：不能加热、不能在瓶内配制在操作过程中放出大量热量的溶液、磨口塞保持原配、放碱液的瓶子应使用橡胶塞，以免日久打不开。试剂瓶如图 6-6 所示。

（3）滴瓶　规格有 30mL、60mL、125mL 无色和棕色。主要用于装需按滴数加入的试剂。使用注意：与试剂瓶使用注意内容一致。滴瓶如图 6-7 所示。

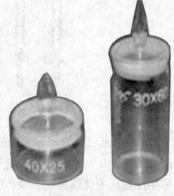

图 6-5　称量瓶

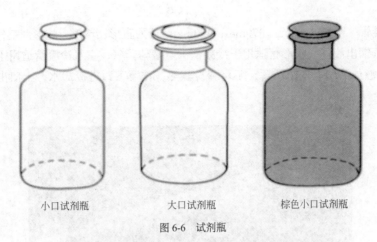

小口试剂瓶　　　　　大口试剂瓶　　　　棕色小口试剂瓶

图 6-6　试剂瓶

图 6-7　滴瓶

（4）抽滤瓶　规格 250mL、500mL、1000mL、2000mL，主要用于抽滤时接受滤液。使用注意：属于厚壁容器，能耐负压，不可加热。抽滤瓶如图 6-8 所示。

图 6-8　抽滤瓶

（5）冷凝管　全长 320mm、370mm、490mm，分为直形、球形、蛇形、空气冷凝管。主要用于冷却蒸馏出液体，蛇形管适用于冷凝低沸点液体蒸气，空气冷凝管适用于冷凝沸点在 150℃以上的液体蒸气。使用注意：不可骤冷骤热，注意下口进冷却水，上口出水。冷凝管如图 6-9 所示。

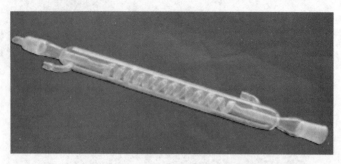

图 6-9　冷凝管

（6）漏斗　长颈口径 50mm、60mm、75mm，管长 150mm；短颈口径 50mm、60mm、管长 90mm、120mm，锥体均为 60mm。使用注意：长颈漏斗用于定量分析，过滤沉淀，短颈漏斗用作一般过滤。漏斗如图 6-10 所示。

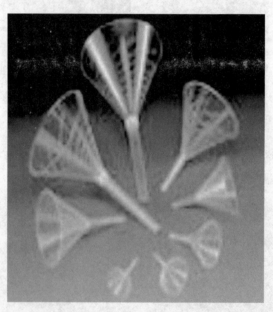

图 6-10　漏斗

（7）烧杯　用于配制溶液和溶解样品等。使用注意：加热时应置于石棉网上，使其受热均匀，一般不可烧干。

（8）锥形瓶　加热处理试样和容量分析滴定。使用注意：除了与烧杯使用注意事项相同外，磨口锥形瓶加热时要打开塞子，非标准磨口要使用原配塞。

（9）碘量瓶　加热处理试样和容量分析滴定。使用注意：除了与烧杯使用注意事项相同外，磨口锥形瓶加热时要打开塞子，非标准磨口要使用原配塞。

（10）圆（平）底烧瓶　加热及蒸馏液体。使用注意：一般避免直火加热，隔石棉网或用各种加热浴加热。

💡 **思考与活动**

玻璃仪器的磨口塞，使用时打不开，应如何处理？

🔘 任务二　规范使用常用仪器设备

📔 **案例导入**

2008 年 11 月 7 日零时 30 分左右，某制药厂正在进行甲苯淋洗的离心机突然发生爆炸起火，将整个车间大部分设备管线烧毁，造成一人当场死亡，造成直接经济损失约 70 万元。造成事故的直接原因是离心机操作工田某在未按照操作规程对离心机进行充氮保护的情况下，打开下料阀门，开启时，由于含哌嗪的甲苯溶液进入高速旋转的离心机，产生静电火花引爆甲苯混合气体而发生爆炸；间接原因是该公司安全责任落实不到位。

讨论： 使用离心机等常用仪器时应该注意哪些安全事项？

一、常用加热设备使用安全技术

1. 电热恒温水浴锅

用于实验室进行蒸发、干燥、浓缩、恒温加热等。使用电热恒温水浴锅时应注意下列事项。

（1）恒温水浴使用前一定先要注入适量净水，使用过程中要留意及时增补净水。因为炉丝套管是焊接密封的，无水时加热会烧坏套管，使水进入套管毁坏炉丝或发生漏电现象。

（2）勿让温度自动控制盒溅水或受潮，以防控制失灵、漏电或损坏。因为温度自动控制盒中有双金属片弹簧式装置，通过双金属片的膨胀或收缩接通或堵截电流，达到控制温度的目的。

（3）水浴锅内要保持清洁，按时洗刷、防止生锈和防止漏水、漏电。锅内水要常常更换。如较长时间停用，锅内水要全部放掉并用布擦干，以免生锈。

2. 电热恒温箱

实验室中常用的电热恒温箱最高温度可达 200℃或 300℃，称为干燥箱或工业烘箱。最常使用的温度为 100～150℃，多用于烘干试样或干燥玻璃容器。使用电热恒温箱时应注意下列事项：

（1）电热恒温箱应放在室内工作，安装在平稳的水平处，要保持干燥，做好防潮和防湿，并要防止腐蚀。

（2）电热恒温箱放置处要有一定的距离，四面离墙体建议要有 2m 以上。

（3）电热恒温箱使用前要检查电压，较小的电热恒温箱所需电压为 220V，较大的电热恒温箱所需电压为 380V（三相四线），根据电热恒温箱耗电功率安装足够容量的电源闸刀，并且选用合适的电源导线，还应做好接地线工作。

（4）以上工作准备就绪后，方可将试品放入电热恒温箱内，然后连接电源，开启电热恒温箱开关。带鼓风装置的电热恒温箱，在加热和恒温的过程中必须将鼓风机开启，以保证工作室温度的均匀性，避免损坏加热元件。随后调节好适宜试品烘焙的温度，电热恒温箱即进入工作状态。

（5）电热恒温箱一般只能用于烘干玻璃、金属容器，不得将易燃、易爆、腐蚀性物品或在加热后释放易燃、易爆、腐蚀性、挥发性物质的物品放入箱内进行加热。

（6）烘焙的物品排列不能太密。电热恒温箱底部（散热板）上不可放物品，以免影响热风循环。

（7）烘焙完毕后先切断电源，然后方可打开工作室门，切记不能直接用手接触烘焙的物品，要用专用的工具或戴隔热手套取烘焙的物品，以免烫伤。

（8）电热恒温箱工作室内要保持干净。

（9）使用电热恒温箱时，温度不能超过电热恒温箱的最高使用温度。

（10）遇到电热恒温箱温度控制失灵或电热恒温箱内冒烟，应立即关闭电源，等温度降下来，再打开电热恒温箱门，清理残余物。

3．电炉、电热板、电加热套

其工作原理分别为：电炉是实验室中常用的加热设备。电炉主要是靠一条电阻丝（常用的为镍铬合金丝）通上电流产生热量的，该电阻丝常称为电炉丝；电热板实际上就是一个封闭式的电炉，一般外形为长方形或者圆形，可调节温度，板上可同时放置比较多的加热物体，而且没有明火；电加热套是加热圆底烧瓶进行蒸馏的专用设备，外壳做成半球形，内部由电热丝、绝缘材料和绝热材料等组成，根据烧瓶大小选用合适的电加热套，使用时常连接自耦调压器，以调节所需温度。电炉、电热板和电加热套的使用注意事项如下：

（1）电源电压应和电炉、电热板和电加热套本身规定的电压相符。

（2）加热容器是玻璃制品或金属制品时，电炉上应垫上石棉网，以防受热不匀导致玻璃器皿破裂和金属容器触及电炉丝引起短路和触电事故。

（3）使用电炉、电热板和电加热套的连续工作时间不宜过长，以免影响其使用寿命。

（4）电炉凹槽中要经常保持清洁，及时清除灼烧焦糊物（清除时必须断电），保持炉丝导电良好。电炉和电加热套内防止液体溅落导致漏电或影响其使用寿命。

二、常用冷冻设备使用安全技术

1．冰箱

根据使用温度可分为普通冰箱、低温冰箱（−40～−20℃）、超低温冰箱（−70℃）。根据机械原理可以分为机械温控冰箱、电子温控冰箱和防爆冰箱。机械温控冰箱和电子温控冰箱主要用于存放普通物品，防爆冰箱主要用于存放易燃易爆化学药品。冰箱使用注意事项如下：

（1）冰箱应放置在实验室通风良好处，远离热源、易燃易爆危险品等。

（2）严禁在实验室冰箱内放入腐蚀性、易燃、易挥发物品，也不要存放实验用品以外的物品。

（3）存放于冰箱内的重心较高的玻璃容器应加以固定，防止因开关冰箱门时造成玻璃器皿倾倒和破裂。

（4）存放于冰箱的物品应密封，且有明显的标签，如物品名称、存放日期、存放人等。

（5）应定期清洗冰箱、除霜，并及时清除不需要的物品。

2．冷冻机

冷冻机是指一种用压缩机改变冷媒气体的压力变化来达到低温制冷的机械设备。冷冻机都是由压缩机、冷凝器、蒸发器、干燥过滤器、膨胀节流阀这五大部分串联而成，里面充注适量制冷剂，控制器根据环境的需求控制压缩机运转而达到制冷传热的目的。冷冻机使用注意事项如下：

（1）开动油泵及打开各种冷却水阀，检查冷冻机的油量是否合乎要求。

（2）冷冻机启动前，首先打开启动辅助阀，放松密封夹头，然后接通电源，打开排气阀的同时关闭启动辅助阀，再慢慢地开启低压吸气阀。

（3）冷冻机运转后，应调整滴油量和油压，并且经常注意机器的声音、压力、温度和膨胀的开启量等。滴油量每分钟 60 滴左右。吸气压力 0.05～0.15MPa，高压 1.5MPa 以下。排除温度不超过 135℃，曲轴箱温度不超过 30℃，密封器温度不超过 80℃，滴油量在 6～20 滴之内，如果发现不正常现象应立即排除。对各部机器 15min 一次小检查，每 1 小时检查一次，并做好记录。

（4）制冷系统在使用及停车时都应该挂上明显的开关牌子。停车时曲轴箱内的压力应降到 0.05MPa 以下。蒸发器里的水温度不应低于 0℃。

（5）机器运转时机房内保持两个人（特殊情况例外）。各种附属设备中的液体量不应超过 80%。

（6）关车时先关膨胀阀，待低压系统的压力降低后再关吸气阀，然后关电闸，再逐渐关闭排气阀，拧紧密封器夹头，最后关闭冷却水。

（7）根据实际使用情况，对机器及其附属设备进行放油清洗，校正，检查，修理。压力表应做到每 6 个月校验一次，发现压力表不正常时，应及时送去校验。

（8）波动指示器不用时是关的，检查时应先开上面的开关，再开下面的开关，不应开得过大，如发生严重漏氨气故障时，应戴上防毒面具，然后进行修理。开启冷冻机总电闸和安装保险时，应在停车和戴上耐压手套后方可进行工作。

（9）安全阀要定期校验和试拉。凡检修、清洗、校正、试压等大小修理和改进情况，应做好原始记录。

（10）冷冻机发生紧急情况应及时停机处理。

三、显微镜的使用安全技术

1．显微镜

显微镜是由一个透镜或几个透镜的组合构成的一种光学仪器，主要用于放大微小物体成为人的肉眼所能看见和观察的仪器。显微镜分光学显微镜和电子显微镜，光学显微镜由目镜、物镜、粗准焦螺旋、细准焦螺旋、压片夹、通光孔、遮光器、转换器、反光镜、载物台、镜壁、镜座和光阑组成。根据用途以及应用范围也可将显微镜分为生物显微镜、金相显微镜、体视显微镜等。实验室常用的生物显微镜是一种用来观察生物切片、生物细胞、细菌以及活体组织培养、流质沉淀等也可以观察其他透明或者半透明物体以及粉末、细小颗粒等物体的精密光学仪器。

2. 显微镜使用安全技术

(1) 使用显微镜之前，应熟悉显微镜的各部名称及使用方法。

(2) 取用显微镜要轻拿轻放，要用右手握住镜臂，左手托住镜座，保持镜身直立，切不可用一只手倾斜提携，防止目镜等零件摔落。显微镜放到实验台上时，要轻取轻放，先放镜座的一端，再将镜座全部放稳，切不可使镜座全面、同时与台面接触，这样震动过大，透镜和微调节器的装置易损坏。使镜臂朝向自己，距桌子边沿 5～10cm 处。要求桌子平衡，桌面清洁，避免阳光直射。

(3) 必须保护好镜头，不用手或硬物接触透镜，擦拭镜头一定要用镜头纸或用脱脂棉蘸95:5 的乙醚和无水乙醇混合液，轻轻擦拭镜头表面，从中央到周边反复轻抹至干净，切勿擦拭镜头的内面，以免损伤透镜，勿用乙醇、乙醚、丙酮擦拭显微镜镜身。

(4) 放置标本时要对准通光孔中央，然后用弹簧压片夹在载玻片的两端，防止载玻片标本移动。再通过调节载玻片移动器或调节移动台，将材料移至正对聚光镜中央的位置。且不能反放载玻片，防止压坏载玻片或碰坏载物台。载物台要保持清洁干燥，不要让载玻片标本上的水流到载物台上。

(5) 低倍物镜观察。用显微镜观察标本时，应先用低倍物镜找到物像。因为低倍物镜观察范围大，容易找到物像并定位到需作精细观察的部位。方法为：①转动粗准焦螺旋，用眼从侧面观望，使镜筒下降，直到低倍物镜距标本 0.5cm 左右。②从目镜中观察，用手慢慢转动粗准焦螺旋，使镜筒渐渐上升，直到视野内的物像清晰为止。此后改用细准焦螺旋，稍加调节焦距，使物像最清晰。③微调移动台或载玻片移动器，找到欲观察的部分。要注意：通常显微镜视野中的物像为倒像，移动载玻片时应向相反方向移动。

(6) 高倍物镜观察。在低倍观察基础上，若想增加放大倍数，可进行高倍观察。方法为：①将欲观察载玻片的部分，移至低倍镜视野正中央，物像要清晰。②旋转物镜转换器，使高倍物镜移到正确的位置上，随后稍微调节细准焦螺旋，即可使物像清晰。③微调移动台或载玻片移动器，定位欲仔细观察的部位。注意：使用高倍物镜时，由于物镜与标本之间距离很近，因此不能动粗准焦螺旋，只能用细准焦螺旋。

(7) 换片。观察完毕，如需换用另一载玻片标本时，将物镜转回低倍，取出载玻片，再换新片，稍加调焦，即可观察。不允许在高倍物镜下更换载玻片，以防损坏镜头。

(8) 不要随意取下目镜，以防止尘土落入物镜，也不要任意拆卸各种零件，以防损坏。

(9) 使用完毕，应把显微镜外表擦干净，并把镜筒旋下至最低处。最后把显微镜放入镜箱，送回原处保存。

(10) 显微镜不能与腐蚀性的化学试剂放在一起。

💬 议一议

显微镜与腐蚀性的化学试剂放在一起，会导致什么样的后果呢?

四、离心机的使用安全技术

离心机是利用离心力分离液体与固体颗粒或液体与液体混合物中各组分的仪器。主要用于将悬浮液中的固体颗粒与液体分开，或将乳浊液中密度不同的互不相溶的液体分开。利用不同密度或粒度的固体颗粒在液体中的沉降速度不同，对固体颗粒按密度或粒度进行分级。

1. 离心机的分类

（1）按转速可分为：常速离心机、高速离心机和超速离心机。

（2）按功能可分为：制备型离心机和分析型离心机。制备型离心机：主要用于各种样品的分离，按转速可分为低速、高速、超高速离心机；按温度可分为冷冻和常温离心机；按外形可分为台式和落地式离心机。分析型离心机：均为超速离心机，主要用于分析生物大分子。

2. 离心机使用安全技术

（1）离心机必须放置在水平固定的地板或平台上，并使机器处于水平位置以免离心时造成机器振动。

（2）使用前必须详细阅读离心机使用说明书，注意离心机的使用最高转速和最低转速，转头型号等使用条件。每个转头各有其最高允许转速和使用累积限时，使用转头时要查阅说明书，不得过速使用。每一转头都要有一份使用档案，记录累积的使用时间，若超过了该转头的最高使用限时，则须按规定降速使用。

（3）装载溶液时，要根据各种离心机的具体操作说明进行。根据待离心液体的性质及体积选用适合的离心管，有的离心管无盖，液体不得装得过多，以防离心时甩出，造成转头不平衡、生锈或被腐蚀。而制备型超速离心机的离心管，则常常要求必须将液体装满，以免离心时塑料离心管的上部凹陷变形。

（4）在天平上精密地平衡离心管及其内容物，平衡时质量之差不得超过各个离心机说明书上所规定的范围（每个离心机不同的转头有各自的允许差值），转头中绝对不能装载单数的管子。当转头只是部分装载时，管子必须互相对称地放在转头中，以便使负载均匀地分布在转头的周围。

（5）若要在低于室温的温度下离心时，转头在使用前应置于离心机的转头室内预冷。

（6）打开电源开关，按需要装好转头。将预先平衡好的试管放置在转头上，关闭机盖。按功能选择键，设置所需离心的参数。

（7）离心过程中，实验人员不得随意离开，应随时观察离心机上的仪表是否正常工作，如有异常的声音应立即停机检查，及时排除故障。

（8）每次使用后，必须仔细检查转头，及时清洗、擦干，转头是离心机中须重点保护的部件，搬动时要小心，不能碰撞，避免造成伤痕，转头长时间不用时，要涂上一层上光蜡保护，严禁使用显著变形、损伤或老化的离心管。

💡 思考与活动

通过学习，请列举出 1～3 个实验常用的加热仪器，说一说它们的使用注意事项。

任务三 规范使用精密仪器设备

案例导入

2001年9月5日10时，某工厂净化工段化验室班长张某让当班人员黄某打开二楼的气相色谱仪。黄某将色谱仪通入载气氢气后，打开主机开关。当打开加热控制器开关2分钟后，仪器发生爆炸，致使仪器前门飞出，打在2m外的实验台上，严重变形；幸好黄某打开加热开关后，转到仪器侧面检查柱尾气，未造成人员伤害。造成事故的直接原因是色谱仪内的色谱柱被卸走，导致大量氢气泄漏到色谱柱箱内，与柱箱内空气混合达到爆炸极限，当开启箱内加热丝开关加热时，产生明火引起爆炸；主要原因是黄某在开机前未按规程要求操作，对色谱柱箱内所有连接处未进行试漏。

讨论：1. 使用色谱仪时应注意哪些问题呢？
　　　2. 我们应该汲取哪些经验教训？

一、气相色谱使用安全技术

1. 概述

（1）气相色谱法（Gas Chromatography，GC）　是一种在有机化学中对易于挥发而不发生分解的化合物进行分离与分析的色谱技术。用于测试化合物的纯度及对混合物中的各组分进行分离。在微型化学实验中，气相色谱可以用于从混合物中制备纯品。

（2）气相色谱仪组成　主要有支撑部件作用的机箱、对色谱柱加温用的柱箱、提供色谱仪器各个部件所需要的气体的气路部分、进样品准备的进样装置、对样品检测的检测器、提供温度控制和检测器信号放大及输出控制的电路部分等。

（3）气相色谱仪的危险因素

① 氢气不稳定，泄漏容易造成燃烧、爆炸；

② 电子捕获检测器，电子捕获放射源易造成人身辐射的伤害及环境污染等事故；

③ 检测的危险性样品易造成安全事故、人体伤害和环境污染事故等；

④ 高电压、大电流易造成触电事故；

⑤ 高温条件操作易造成人体烫伤事故等。

因此，实验人员在使用气相色谱仪的过程中，必须严格执行操作规程，认真操作，并不断总结工作经验，加强仪器的检查与维护，使仪器始终处于良好的安全状态，避免不必要的事故发生。

2. 气相色谱仪的使用安全

（1）气相色谱仪的环境安全要求

① 实验室安全。仪器分析室一般安置在阴面或者避光，要求具有良好的通风，能防震、防静电、防火、防腐、防尘等。实验室配有空调、自动加湿器，温度控制在20～27℃，相对湿度10%～80%。实验室台面能减震，保持稳定，并且距墙面1m左右为宜，易于调整和维

护仪器。气相色谱仪工作台，必须符合规定要求。

每台仪器都应有专用的配电盘、漏电保护器。配电盘安放合理，接地良好，负荷要有余量。气路的铺设要易于检查、调换、维修，并标明种类和流向。如果气源采用钢瓶，必须设在室外专用的钢瓶间内，并配有可燃气体报警器、应急灯等。

② 电源配置。配置稳定电源，功率 4kW 以下，电压 220V，频率 50~60Hz。

（2）气相色谱仪载气安全要求

① 气相色谱仪载气安全要求。分析需配置高纯度的气源，保证仪器工作所需要的纯度。气体进入仪器前要严格净化，并推荐使用除水过滤器，如氮气、氢气、干燥空气纯度＞99.999%，以保证分析检测的灵敏度和稳定性，获得准确的分析结果。

如果仪器长期使用低纯度的气体气源，分析低浓度、高精度的样品时，对恢复仪器的高灵敏度十分困难。而对于常量或半微量分析的仪器，气源要求不很严格时，高纯度的气体，不但增加运行成本，还增加气路的复杂性，因此选用气体的纯度要求达到或略高于仪器自身对气体纯度的要求即可，避免高配低用或低配高用。

为保证气体使用安全，还需要考虑废气的排放安全，如隔垫吹扫气、分流放空口和检测器放空口等管路，应尽量接到室外（尤其使用氢气为载气时，则必须接到室外，同时注意防火防爆），避免有毒有害物质污染室内空气，危害操作人员健康。

② 气相色谱仪载气钢瓶的使用安全。载气钢瓶具有种类齐全、纯度高、压力稳定等优点，但也存在着爆炸等危险。因此，钢瓶应直立放置于室外阴凉处，避免强烈震动。氢气瓶专用压力表为反向螺纹，安装时应避免损坏螺纹，氢气钢瓶应放在室外或独立气体间，不多于两瓶，以确保安全。氧气瓶需采用专用氧气表，安装后严禁敲打，注意检查气密性。

气相色谱仪使用时，载气钢瓶的压力为 9.8~14.7MPa，并备有减压阀，使用过程中注意减压阀与钢瓶的开启顺序，不要误开，导致事故发生。

💬 议一议

气相色谱仪载气钢瓶有哪些不安全的因素？

3. 微量注射器的使用安全

微量注射器有一定寿命（主要指抽取次数），应避免磨损及来回空抽。不宜快速推拉针头，太快不但不宜排出气泡，还会损坏。因其易碎，所以要妥善保管。为了确保其气密性和准确度，应及时对微量注射器进行溶剂清洗，并注意按时更换。注射器被污染或用于注射其他样品后，清洗后可以再使用。但应注意不能清洗后用同一支注射器注射不同浓度的样品；注射浓度过高的样品后，不能注射低浓度（痕量）样品；有些注射器只能专用。清洗注射器时，若不能从针头吸入溶剂，可拔出柱塞从后部注入溶剂浸泡清洗。特别是痕量分析时，应避免用手触摸针头，以防引起鬼峰。根据样品特点，备好清洗注射器的溶剂和装废液的容器。

4. 气相色谱仪检测器的使用安全

（1）热导检测器　实验前先通载气，再开热导电源，实验结束时，先关闭热导电源，再关闭载气。使用中应检查载气是否平稳通畅流过，载气中不得含有杂质，氢气作载气时气体放空管应排至室外等。如出现基线大幅度漂移，应注意检查双柱气体流速是否相同，是否漏气等。

（2）氢气火焰检测器　通氢气后，待管道中残余气体排出后立即点火，并保证火焰是点着的。离子室外罩必须罩住，保证较好的屏蔽并防止空气侵入。如果离子室积水，将端盖取下，等离子室温度较高时再盖上。工作状态下，取下检测器罩盖，不要触及极化极，以防触电。离子室温度应大于 100℃，待层析室温度稳定后再点火，否则离子室易积水，影响电极绝缘而使基线不稳。

氢气火焰检测器是利用氢气在空气中燃烧所产生的火焰使被测物质离子化的。因此，在未接上色谱柱时，不要打开氢气阀门，以免氢气进入柱箱。测定流量时，氢气和空气一定不能混合，测氢气时要关闭空气，反之亦然。无论何种原因导致火焰熄灭时，应关闭氢气阀门，直到排除故障，重新点火时再打开氢气阀门，目的是减少安全事故。

（3）火焰热离子检测器　铷珠：要避免样品中带水；载气：选用氮气、氢气、氦气，载气要求纯度 99.999%；空气则选择钢瓶空气，并且无油；选用氢气作载气时不能使用含腈基固定液的色谱柱。

（4）火焰光度检测器　也是选用氢火焰，安全问题同氢气火焰检测器；要求顶部温度开关常开（250℃）。各种气体流量范围：氢气 60～80mL/min，空气 100～120mL/min，而尾吹气和柱流量之和为 20～25mL/min。当分析强吸附性样品如农药时，中部温度应高于底部温度约 20℃；更换滤光片或点火时应先关闭光电倍增管电源；火焰检测器在操作时必须在温度升高后再点火，关闭时应先熄火再降温。

（5）电子捕获检测器　广泛应用在电负性物质的检测中，由于该检测器是放射性检测器，且检测的物质大多有害，所以一定把废气排到室外，并且不要自己拆卸，注意安全，避免辐射；老化色谱柱时，切记不能将柱子出口端接入检测器，以免放射源被污染；该检测器使用时请连接脱氧管；高灵敏度选择检测器，应处于耐腐蚀和洁净的地方，避免采用强极性化学组分作溶剂，保持检测器的密闭性，防止被氧化。还要注意，操作温度范围为 250～350℃，否则检测器很难平衡；关闭载气和尾吹气后，用堵斗封住检测器出口，避免空气进入。

（6）检测器温度的选择　如果是程序升温，可接近色谱柱的最高温度。氢气火焰检测器、火焰光度检测器等一定要大于 100℃，避免检测器积水。一般情况下与汽化温度接近即可，检测器的使用温度不超过 350℃；操作中应避免检测器被污染，检测器温度应高于色谱柱实际工作的最高温度。要定期对检测器喷嘴和气路管道进行清洗，清洗时要断开色谱柱，拔出信号收集极，用细钢丝疏通喷嘴，并用丙酮、乙醇等有机溶剂浸泡冲洗。

全体师生要严格执行操作规范，强化安全意识，才能更好地完成各项检测项目。

二、高效液相色谱使用安全技术

1. 概述

（1）高效液相色谱（High Performance Liquid Chromatography，HPLC）　它是 20 世纪 60 年代末在经典的液相色谱法的基础上引入气相色谱法的理论和技术，采用高压泵、高效固定相及高灵敏度检测器发展而成的分离分析方法。高效液相色谱法是目前应用最多的色谱分析方法，广泛应用于化学和生化分析中，如核酸、肽类、内酯、稠环芳烃、高聚物、药物、人体代谢产物、表面活性剂、抗氧化剂、杀虫剂、除莠剂等物质的分析。

特点是采用了高压输液泵、高灵敏度检测器和高效微粒固定相，适用于分析高沸点、不易挥发、分子量大、不同极性的有机化合物，几乎遍及定量定性分析的各个领域，有高压、高效、高灵敏度、应用范围广、分析速度快和载液流速快的"三高一广一快"的特点，通常分析一个样品在 15～30min，有些样品甚至在 5min 内即可完成，一般小于 1h。此外高效液相色谱还有色谱柱可反复使用、样品不被破坏、易回收等优点，但也有"柱外效应"的缺点。

(2) 高效液相色谱仪的组成　一般都具备储液器、高压泵、梯度洗提装置（用双泵）、进样器、色谱柱、检测器、恒温器、记录仪等主要部件。其整体组成类似于气相色谱，但是针对其流动相为液体的特点做出很多调整。HPLC 的输液泵要求输液量恒定平稳，进样系统要求进样便利、切换严密，由于液体流动相黏度远远高于气体，为了减低柱压，高效液相色谱的色谱柱一般比较粗，长度也远小于气相色谱柱。

2. 高效液相色谱仪使用安全技术

高效液相色谱仪是一种高精密仪器，如果在使用过程中不能正确操作，就容易导致仪器故障等问题，其使用操作安全注意事项主要如下。

(1) 溶剂过滤器　防止过滤器出现阻塞，因为堵塞易导致无压力。一般过滤器使用一段时间后或出现阻塞时要及时更换新的，或定期用酸、水等溶剂对过滤器进行彻底的清洗。在使用过程中，对通过过滤器的纯化水要及时更换，流动相必须用 $0.45\mu m$ 的滤膜过滤。

(2) 泵　当泵密封损坏或单向阀损坏时，会产生漏液，因此，要及时进行维护。维护要点是：

① 尘埃或其他任何杂质会磨损泵柱塞、密封环、缸体和单向阀，因此应预先除去流动相中的任何固体微粒，一般用 $0.45\mu m$ 的滤膜过滤流动相；

② 流动相不应含有任何腐蚀性物质，含有缓冲液的流动相不应保留在泵内，为防止缓冲液析出结晶而损坏泵，进样完毕必须用纯化水充分清洗泵，再换成有利于泵维护的溶剂（对于反相键合固定相，可以是甲醇或甲醇和水的混合液）充分清洗泵；

③ 泵工作时要留心，防止溶剂瓶内的流动相用完，空泵运转也磨损柱塞、密封环或缸体，最终产生漏液；

④ 输液泵的工作压力不要超过规定的最高压力，否则会使高压密封环变形而产生漏液。

(3) 进样阀　转子密封损坏或转子拧得过紧，可以根据实际情况更换或调整转子密封，调整转子的松紧度，防止手动阀转动不灵；当进样阀出现漏液现象时，是转子密封受到损坏，而转子密封损坏的原因绝大部分是固体杂质划伤其表面。这些固体杂质可能来源于样品、流动相或缓冲液中盐的结晶，因此必须对样品液、流动相进行过滤。

(4) 色谱柱　一是筛板阻塞时，对流经色谱柱的流动相和样品必须用 $0.45\mu m$ 的微孔滤膜过滤，并运用在线过滤器过滤；最好在色谱柱前加保护柱；二是柱头塌陷，对以硅胶为载体的键合固定相色谱柱，使用 pH 值为 2～8 的流动相；色谱柱前使用保护柱。

(5) 检测器　光源灯不能正常工作，可能产生严重噪音，基线漂移，出现平头峰等异常峰，甚至使基线不能回零。这时更换光源灯。一般灯都有一定的使用寿命，因此对紫外灯的最根本维护就是在不进行测定时及时关灯，尽量延长灯的使用寿命；保持流通池清洁，池后使用反压抑制器，可以使用适当溶剂清洗检测池，要注意溶剂的互溶性。开机后先开启自动脱气系统，另外流动相也必须脱气后使用。因为流通池污染或流通池有气泡，使噪音增大，影响测定结果。

(6) 流动相　流动相如有气泡，一旦气泡进入色谱系统，通常会造成瞬间流速降低和系统压力下降，色谱图上表现为基线波动，噪音增大，进而使测定数值发生偏移，甚至无法分析。因此，流动相在使用前必须经过充分脱气。目前最常采用的脱气方法是超声波脱气法，将盛放流动相的溶剂瓶置于超声波清洗器中，用超声波振荡 10～20min；如有颗粒物进入色谱系统后，易在柱子入口端被筛板挡住，将柱子堵塞，导致系统压力增加并使色谱峰变形。因此，去除流动相中颗粒物的有效方法是用 0.45μm 微孔滤膜过滤。过滤的装置是溶剂抽滤器，由溶剂过滤瓶和真空泵组成。

📎 知识链接

高效液相色谱仪使用中存在的危险源

危险源主要有仪器安装不符合要求、仪器运行不符合要求、仪器性能不符合要求，造成的危害是仪器不能正常运行和使用，检验结果不准确。

仪器安装不符合要求的控制方式是：温度 4～35℃，日温度变化小，相对湿度 20%～85%；电源电压 AC100V，电源 220V，频率 50～60Hz；工作台不受阳光直射。仪器运行不符合要求的控制方式是：溶剂输送泵流速准确度的检查和泵的耐压检查；检测器基线漂移和噪声检查。仪器性能不符合要求的控制方式是：进行系统适用性试验等。

💡 思考与活动

通过学习，请列举出 1～2 个精密实验仪器，说明它们在使用中的注意事项。

⚙ 任务四　规范使用特种仪器设备

📖 案例导入

2018 年 12 月 6 日，在印度班加罗尔，28 岁的研究员在科学研究所的高压氢气瓶爆炸中丧生。

讨论：1. 高压氢气瓶的使用注意事项有哪些？
　　　2. 应该从事件中汲取哪些教训？

根据最新版《特种设备安全监察条例》第二条规定，特种设备是指涉及生命安全，危险性较大的设备或设施，如锅炉、压力容器、压力管道、电梯、起重机器、客运索道和大型娱乐设备等。

随着经济建设和高等教育事业的快速发展，一些特种设备被广泛应用于实验、实训教学和科研活动中，尤其是高等职业教育。为满足培养高层次技术技能人才的需求，致使某些特种设备需求数量和种类的不断增加，实验项目增加，特种设备的使用安全已成为校园安全的重要组成部分。

食品药品类高职院校实验室常用的特种设备主要包括中试反应釜、制剂灭菌柜、物理化学实验常用的各种气体钢瓶及生物技术实验室常用的高压灭菌锅等。

一、压力容器的使用安全技术

（一）压力容器概述

1. 压力容器

压力容器是指盛装气体或者液体，承载一定压力的密闭设备。压力容器同时具备下列三个条件：

(1) 工作压力大于或者等于 0.1MPa；

(2) 容积大于或等于 $0.03m^3$ 并且内直径（非圆形截面内边界最大几何尺寸）大于或者等于 150mm；

(3) 盛装介质为气体、液化气体以及介质最高工作温度高于或等于其标准沸点的液体。

实验室压力容器主要有中试反应釜、反应罐、制剂灭菌柜、高压灭菌锅、气体钢瓶（如氢气、氮气、氧气、压缩空气等）及冷凝气、过滤器等。

2. 压力容器操作人员职责

工作中要严格执行《压力容器安全技术监察规程》、严格遵守安全操作规程；对压力容器进行维护、保养，保证安全附件灵敏、可靠和压力容器的安全运行；压力容器发生异常现象时，操作人员应立即采取紧急措施，并及时报告。

3. 压力容器的管理内容

(1) 压力容器出厂后技术资料齐全　厂家至少提供的技术资料主要包括竣工图（盖有设计单位许可印章和制造单位竣工图章，非复印件)，产品合格证，制造质量证明书，强度计算书，产品质量监督检验证书以及产品铭牌的拓印件等技术资料。

(2) 外观检查及安装资料　外观检查压力容器的规格型号、结构尺寸、外观焊接质量、容器本体的锈蚀情况及其完整性等；从事压力容器安装单位在安装项目竣工时，应提供安装告知手续、竣工验收报告等。

(3) 压力容器注册登记　对安装的压力容器，在投入使用前或最迟在投入使用后 20 日内，按照《特种设备使用管理规则》，填写"特种设备使用登记表"，送交相关部门及时办理注册登记和使用证，在领取使用证后方可投入使用。委托有资质单位进行定期检验，并将定期检验合格证置于特种设备显著位置。

（二）压力容器的使用管理和操作维护安全

1. 压力容器的使用管理要求

压力容器安全管理人员和操作人员应当持有相应的特种设备作业人员证书《特种设备作业人员证》，持证上岗，并每 4 年复审一次，对压力容器操作人员定期进行安全教育与专业培训并做好记录，确保作业人员掌握操作规程及事故应急措施，按章作业，未经培训不得进行压力容器的操作；管理和操作人员应根据生产工艺的要求和容器的技术性能制定容器安全操作规程，并严格执行，主要包括：

（1）压力容器的运行控制参数。最高工作压力、最高或最低操作温度、压力及温度的波动控制范围及方法。

（2）介质成分，尤其是高度危害、具有强烈腐蚀性或爆炸危险性等介质成分的控制值或极限值。使用前应了解生产流程中各种介质的物理性能和化学性质，以及可能发生的物理、化学变化，意外发生时能提前做到判断准确，处理及时、科学。

（3）开停车的操作程序和有关注意事项。

（4）安全附件的定期检查制度。

（5）运行中可能出现的异常现象、原因分析和处理方法；紧急情况下的报告程序和防范措施，如安装防护板或防护墙，戴防护眼镜、防护面具和防护手套等。

（6）压力容器运行中和停用后的维护。

（7）压力容器的日常维护检查。

2．压力容器的安全操作与维护

（1）压力容器的日常安全检查和维护

在压力容器运行中操作人员应严格按照操作维护规程做好日常维护和检查，并做好相应记录。

① 压力表。检查所使用的压力表须在合格的检验周期内，同一系统上的压力表读数要一致。如发现压力表失灵、刻度不清等应立即更换。

② 安全阀。检查安全阀锈蚀情况，铅封有无损坏，是否在合格的校验期内。

（2）压力容器停用后的维护

① 进行降温、卸压、放料和置换：容器停用后，首先检查容器内温度、压力及其内部介质情况，把待停用的压力容器内的温度降至常温，卸压至大气压，放料彻底。

② 介质为易燃、易爆和有害气体时，应采取惰性气体置换，置换至经取样分析合格。

③ 介质为酸碱液体时，应进行清洗和吹扫。清洗和吹扫介质一般用蒸汽、水或惰性气体。酸性液体可用弱碱洗涤、清水冲洗，强碱性介质用大量水冲洗。系统不宜夹带水分的一般用压缩空气或氮气吹扫。

④ 保持设备本体清洁、干燥，并定期进行防腐处理。

（3）安全附件的检查、检验

① 定期对在用压力容器上所安装的安全附件进行全面检查，如遇下列情况需立即整改：无产品合格证和铭牌的，性能不符合要求的，逾期不检查、不校验的。

② 安全附件的校验周期为安全阀每年至少校验一次，压力表每半年校验一次，破片每年至少全面检查一次，一般每2～3年更换一次。

③ 安全附件的校验报告及检查、更换情况应及时记录并存于压力容器技术档案内。

（4）压力容器的封存、启用和报废

需封存的压力容器，应由设备管理人员及时办理压力容器封存手续；需启用封存的压力容器时，应在需要使用前45天办理启用手续，以便对封存的压力容器进行检验或安全技术检查、分析；压力容器报废时，应按公司有关规定执行，并及时将本单位报废停用的压力容器告知相关部门的有关专业管理人员。大型实验气体罐的存储场所应通风、干燥，防止雨（雪）淋、水浸，避免阳光直射，严禁明火和其他热源。

（5）压力容器事故处理

发生压力容器事故时，使用者必须实事求是地向本单位管理部门及调查组提供有关设备及事故情况。发生压力容器事故必须按照"事故四不放过原则"执行，即事故发生原因不查清不放过，没有制定防范措施不放过，事故责任人没有受到处理不放过，有关人员没有接受教育不放过，防止类似事故发生。对发生事故的责任人及相关人员按本单位有关规定进行考核。

二、气瓶的使用安全技术

（一）概述

1. 气瓶

气瓶属于移动式的可重复充装的压力容器，因为在使用中存在一些特殊问题，所以要确保安全使用，除具有压力容器的一般要求外，还具有特殊要求。一般把容积不超过1000L（常用35～60L），用于储存和运输永久气体、液化气体、溶解气体或吸附气体的瓶式金属或非金属密闭容器叫作气瓶。对不作储存和运输上述气体而用作压力容器的瓶式容器都不是气瓶，而是压力容器。

2．分类

（1）按气瓶制造方法分类　可分为钢制无缝气瓶、钢制焊接气瓶、缠绕玻璃纤维气瓶等。

（2）按照气瓶的压力分类　以公称工作压力和水压试验压力分为高压气瓶和低压气瓶。

（3）按充装介质的性质分类　可分为永久气体气瓶、液化气体气瓶和溶解气体气瓶。

① 永久气体气瓶：系指充装临界温度小于−10℃的永久气体的气瓶，如氢气瓶、氧气瓶等。

② 液化气体气瓶：系指充装临界温度大于或等于−10℃且小于或等于70℃的高压液化气体和临界温度大于70℃的低压液化气体的气瓶。

③ 溶解气体气瓶：系指钢质瓶体内装有多孔填料和丙酮（或其他溶剂），可重复充装乙炔气的气瓶。

实验室常见气瓶的种类如图6-11所示。

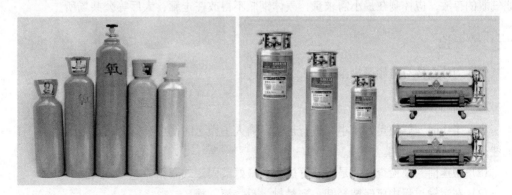

图6-11　实验室常见气瓶的种类

3．气瓶的漆色与介质

实验室常见气瓶的漆色与装盛的气体如表6-1所示。

表 6-1　实验室常见气瓶的漆色与装盛的气体

充装气体名称	颜色	字样	字色	化学式
氢气	淡绿	氢	大红	H_2
氧气	淡（酞）蓝	氧	黑	O_2
氮气	黑	氮	浅黄	N_2
空气	黑	空气	白	
二氧化碳	铝白	液化二氧化碳	黑	CO_2
乙炔	白	乙炔不可近火	大红	C_2H_2
甲烷	棕	甲烷	白	CH_4
乙烷	棕	液化乙烷	白	C_2H_6
氩	银灰	氩	深绿	Ar
氦	银灰	氦	深绿	He
氖	银灰	氖	深绿	Ne
乙烯	棕	液化乙烯	淡黄	C_2H_4
氯	深绿	液氯	白	Cl_2
氨	淡黄	液氨	黑	NH_3

（二）气瓶管理与使用安全技术

1. 气瓶的存放

（1）危险气体钢瓶存放点须通风、远离热源、避免暴晒，地面平整干燥；配置气瓶柜或气瓶防倒链、防倒栏栅等固定。

（2）充装满的气瓶与空气瓶设置明显的标志，区分开来放置，严禁混放。涉及剧毒、易燃易爆气体的场所，配有通风设施和合适的监控报警装置等，张贴必要的安全警示标志。

（3）实验用到的其他气瓶，应放置在通风通畅部位并将钢瓶放置在防倒的小车内固定或采用其他方式固定。

（4）无大量气体钢瓶堆放现象；每间实验室内存放的氧气和可燃气体不宜超过一瓶，其他气瓶的存放，应控制在最小需求量；气体钢瓶不得放在走廊、大厅等公共场所。

💬 议一议

气瓶为什么要有防倾倒措施?

2. 气瓶的运输

（1）工作时，要使用专用小车进行运输，需人工搬运时，应手握瓶肩，转动瓶底，不得拖拽、滚动或用脚蹬踹。

（2）搬运前，要检查气瓶是否戴好瓶帽，最好戴固定式瓶帽，以免瓶阀受力损坏。

（3）在运输过程中应轻装轻卸，严禁抛、滑、滚、撞。

3. 气瓶的使用

（1）使用时，要检查气压力表和减压阀是否正常，压力表是否在有效期内。气瓶使用时必须直立，并防止倾倒，严禁倒置，不得卧放。

（2）装卸减压阀要使用专用扳手，不准用其他工具敲打。不得使用有缺陷或有损坏的气瓶。

（3）气瓶室内装有氧气浓度监测仪，必须保持完好，定期校验。

（4）所有气瓶颜色和字体清楚，有状态标志，有气瓶定期检验合格标志（由供应商负责），未使用的气瓶有气瓶帽。

（5）实验结束后，气体钢瓶总阀须关闭。

📎 知识链接

为何乙炔瓶、氧气瓶中一定要留有余压

瓶内留几公斤的压力，使瓶内的压力大于瓶外的压力，可以避免其他气体的流入，保证使用的安全。因为乙炔的爆炸极限很低，稍微混有一点空气，达到一定温度就会爆炸。所以乙炔瓶的排气口一定要有减压阀，防止空气混入瓶中。加上减压阀，就是要防止瓶里的气压小于外界空气的气压，避免空气倒流到乙炔瓶中。氧气钢瓶应保留不小于 $0.098 \sim 0.196 MPa$ 表压的剩余压力。乙炔钢瓶冬季应保留 $49 \sim 98 kPa$，夏季保留 $196 kPa$ 表压的剩余压力。

4. 紧急情况下的应急措施

气瓶在使用过程中，如发生意外，操作人员应根据当时情况进行应急处理。如立即关闭气瓶阀、加强排风、通知周围人员紧急撤离等。

💡 思考与活动

以小组为单位，调研实验室有关压力容器安全方面的事故，并分析事故原因和事故的教训。

⚙ 任务五　规范管理实验室仪器设备

📖 案例导入

2016 年 7 月，某大学实验室新进一台 3200 型原子吸收分光光度计，在分析人员调试过程中发生爆炸，产生的冲击波将窗户内层玻璃全部震碎，仪器上的盖崩起 2m 多高后被抛出很远。当场炸倒 3 人，其中 2 人轻伤，一块长约 0.5cm 的碎玻璃片射入一操作人员眼内。

讨论： 如何预防仪器设备在调试、运行、维护保养中异常事故的发生？

一、实验室仪器设备维护与保养

1. 仪器设备保养维护的意义

仪器设备在运行过程中，由于种种原因，其技术状况必然会发生某些变化，可能影响设备的性能，甚至诱发设备故障及事故。因此，必须及时发现和排除这些隐患，才能保证仪器设备的正常运行。在仪器设备停止使用后，要按照"维护保养"的措施去消除

事故隐患。

2. 维护保养的内容和要求

(1) 在用仪器设备的日常保养

① 对仪器设备要做好经常性的清洁工作，保持仪器设备清洁。

② 定期进行仪器设备的功能和测量精度的检测、校验以及"磨损"程度的测定。

③ 定期进行润滑、防腐蚀，做防锈检查，及时发现仪器设备的变异部位及程度，并做出相应的技术处理，防患于未然。

(2) 仪器设备保养的要求

① 制定并落实仪器设备的保养制度，做到维护保养经常化、制度化，并与实验室的清洁工作结合进行，责任落实到人。

② 仪器设备的保养应坚持实行"三防四定"制度，做到"防尘、防潮、防震"和"定人保管、定点存放、定期维护和定期检修"。

③ 大型和重点仪器设备要规定"一级保养"和"二级保养"等维护保养工作周期、时间，列入工作计划并按期实施。

(3) 备用仪器设备的保养

① 备用的仪器设备，一般情况下是不运行的，因此可以像"封存"仪器设备那样进行防潮、防锈和防腐蚀处理，但不需要密封，而改用活动的"罩"或"盖"，把仪器设备与外界分隔开来即可。

② 备用的仪器设备必须定期进行"试运行"，以检查其工作性能，确保其处于优良状态，发现备用仪器设备有性能变劣现象时，除了及时予以维修以外，应迅速查找原因，并及时予以消除，以确保备用仪器设备的"备用"作用。

💬 议一议

仪器设备保养有哪些要求?

二、实验室仪器设备管理制度

(1) 实验室仪器摆放合理，精密仪器不得随意摆动。

(2) 仪器设备需做到经常维护和保养，定期检查保证完好和随时能投入使用。仪器设备应保持清洁，一般应配有仪器套罩。

(3) 实验室所使用的仪器、容器应符合标准要求，保证准确可靠，凡计量器具须经计量部门检定合格方能使用。

(4) 使用仪器时，应严格按照操作规程进行，使用后按登记要求进行登记，对违反操作规程和因保管不善致使仪器损坏，要追究当事人责任。

(5) 易被潮湿空气、酸液或碱液等侵蚀而生锈的仪器，用后应及时擦洗干净，放通风干燥处保存。

(6) 易老化变黏的橡胶制品应防止受热、光照或与有机溶剂接触，用后应洗净置于带盖容器或塑料袋中存放。

（7）各种仪器设备（冰箱、温箱除外）使用完毕后要立即切断电源，旋钮复原归位，待仔细检查后方可离开。

（8）仪器设备在使用中发生事故，应及时报告有关部门进行处理，并做好记录，做好后续相关工作。

（9）仪器设备外借需经设备所在实验室负责人同意并须经相关部门批准。

（10）仪器设备的转移必须办理调拨手续。仪器设备未经批准，不得擅自拆卸、改装或抛弃，报废须做技术处理并报告上级部门。

知识链接

仪器设备发生故障时的紧急处理措施

1. 事故管理要及时，发生事故应该立即进入管理状态，相关人员应及时向上级领导如实验报告，并尽快实施现场控制，抑制损失。

2. 深入、细致、认真、实事求是地进行事故处理。

3. 制定的防范措施必须切实可行，并加以落实。

思考与活动

以小组为单位，讨论如何对仪器设备做好日常维护保养。

目标检测

一、单选题

1. 氢气瓶的漆色是（   ）。

A. 淡绿　　　　　　　　　　　　B. 白色

C. 银灰色　　　　　　　　　　　D. 棕色

2. 有关气瓶的使用不正确的是（   ）。

A. 要检查气压力表和减压阀是否正常　　B. 严禁倒置，可以卧放

C. 装卸减压阀要使用专用扳手　　　　　D. 气瓶颜色和字体清楚，有状态标志

3. 有关玻璃仪器使用不安全的是（   ）。

A. 使用前要仔细检查仪器的完好性

B. 用试管夹夹玻璃仪器时要控制松紧适度

C. 使用干净的玻璃仪器，必要时要对玻璃仪器进行干燥

D. 可在玻璃部件固定的情况下，使之与胶管、胶塞连接

4. 有关气相色谱仪微量注射器的使用不安全的是（   ）。

A. 应避免磨损及来回空抽

B. 及时对微量注射器进行溶剂清洗

C. 宜快速推拉针头

D. 注射器被污染或用于注射其他样品后，清洗后可以再使用

二、多选题

1. 压力容器是指（　　）。

A. 盛装气体或者液体承载一定压力的密闭设备

B. 工作压力大于或者等于 0.1MPa

C. 容积大于或等于 $0.03m^3$ 并且内直径（非圆形截面内边界最大几何尺寸）大于或者等于 150mm

D. 盛装介质为气体、液化气体以及介质最高工作温度高于或等于其标准沸点的液体

2. 下列属于实验室压力容器的是（　　）。

A. 中试反应釜　　　　　　　　　B. 反应罐

C. 制剂灭菌柜　　　　　　　　　D. 以上均不是

3. 有关显微镜使用正确的是（　　）。

A. 使用前，熟悉显微镜的各部名称及使用方法

B. 取用显微镜要轻拿轻放

C. 必须保护好镜头，不用手或硬物接触透镜

D. 放置标本时要对准通光孔中央，且不能反放载玻片

4. 下列不能加热的仪器有（　　）。

A. 试剂瓶　　　　　　　　　　　B. 漏斗

C. 量筒　　　　　　　　　　　　D. 移液管

三、判断题

1. 实验室用来存放试剂的冰箱不得存放食品和个人物品。（　　）

2. 软质玻璃具有耐温、硬度、耐腐蚀性强的特点，透明度高。（　　）

3. 使用高倍物镜时，由于物镜与标本之间距离很近，不能动粗准焦螺旋，只能用细准焦螺旋。（　　）

实验室"三废"处理

学习导读

实验室在教学和科研过程中涉及的化学试剂、试验材料多种多样，产生的废物种类繁多，情况复杂。根据《中华人民共和国环境保护法》《中华人民共和国固体废物污染环境防治法》以及《废弃危险化学品污染环境防治办法》《病原微生物实验室生物安全环境管理办法》等相关法律法规规定：凡在实验过程中产生的有毒气体、废液、废渣应专门地点集中，专门房间、专门容器存放，专门人员管理，严格分区、分类，集中送到特殊废品处理站处理。废放射源、废机油、报废化学试剂、化学合成"三废"、化学品废弃容器等都应分类存放，严格管理。

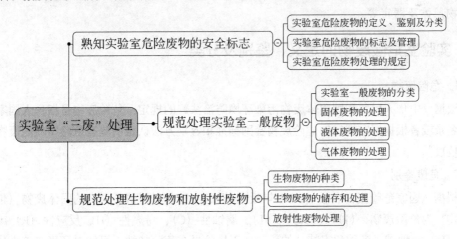

学习目标

知识目标

1. 掌握实验室"三废"的安全处理技术。

2. 熟悉实验室常见"三废"及其处理的原则。

3. 了解实验室生物性废物和放射性废物的处理规定。

能力目标

1. 能自觉遵守实验室"三废"处理规定。

2. 能规范"三废"处理操作。

3. 能形成"三废"在收集、暂存、转移及处理等环节中的防护意识，提升自我保护能力。

⬤ 任务一　熟知实验室危险废物的安全标志

📚 案例导入

　　2019 年 9 月，广州市对天河区一批涉嫌违法排污的"散乱污"污染源发起突击检查，共查获涉嫌重大水环境污染线索 9 宗，涉及生化制药、实验室等老百姓印象中"高大上"的行业，这些实验室涉嫌偷排危险化学品、化学品处置不当、危险废物处置不当，严重污染环境。

讨论：1. 实验室常见的废物有哪些?

　　　2. 实验室"三废"该如何安全处理?

　　实验室危险废物是指学校各级各类实验室或实验场所在进行教学、科研活动等过程中产生的有害人体健康，污染环境或存在安全隐患的废物及其污染物。其特点是：数量少，种类多，有毒性、腐蚀性、爆炸性和感染性等。主要包括实验过程中产生的三废（废气、废液、废固）物质、实验室剧毒物品以及麻醉品、药品的残留物、放射性废物和实验动物尸体及器官等。

一、实验室危险废物的定义、鉴别及分类

1. 危险废物

根据《中华人民共和国固体废物污染环境防治法》的规定，危险废物是指列入国家危险废物名录或者根据国家规定的危险废物鉴别标准和鉴别方法认定的具有危险特性的废物，简称"危废"。

2. 危废鉴别

根据《国家危险废物名录（2021 年版）》规定，具有下列情形之一的固体废物（包括液态废物）为危险废物：(1) 具有毒性（T）、腐蚀性（C）、易燃性（I）、反应性（R）或者感染性（In）一种或者多种危害特性的；(2) 不排除具有危险特性，可能对环境或者人体健康造成有害影响，需要按照危险废物进行管理的。对不明确是否具有危险特性的固体废物，应当按照国家规定的危险废物鉴别标准和鉴别方法予以认定。经鉴别具有危险特性的，属于危险废物，应当根据其主要有害成分和危险特性确定所属废物类别，并按代码"900-000-××"（××为危险废物类别代码）进行归类管理。经鉴别不具有危险特性的，不属于危险废物。

3. 危废分类

实验室危险废物种类繁多，根据特性主要分为以下几种：

（1）按危险特性分为腐蚀性危险废物、毒性危险废物、易燃性危险废物、反应性危险废物和感染性危险废物等；

（2）按物理状态分为固体危险废物、液体危险废物；

（3）按照对环境的危害程度分为严重危害环境的重金属盐等第一类污染物及酸碱化合物、有机试剂等二类污染物。

其中，实验室常见的危险废物主要包括：

（1）化学危险性废物。如甲醇、乙醇、丙酮及乙醚等用量较大的有机溶剂等。这些废液在处理时，应根据其化学特性进行分类回收，不可混合储存，容器标签必须标明废液种类，定期处理。尽量综合利用，也可用废铬酸混合液分解有机物，或者通过酸碱中和、混凝沉淀、次氯酸钠氧化处理后达标排放。

（2）被试剂及药物污染过的生物性危险废物。如废标本、检验试纸条、棉棒、透析用具、废血液制品、废器皿、器官或组织等。可以采用集中燃烧处理。

（3）固体废弃物。如针头、刀片、注射器、培养皿、试管、试玻片及其他玻璃制品等，应遵照《中华人民共和国固体废物污染环境防治法》将其分类收集于有标识的专用垃圾筒中，集中处理。

💬 议一议

实验室常见的危险废物包括哪些？不同的危险废物，通常的处理方法有哪些？

二、实验室危险废物的标志及管理

实验室危险废物贮存应当符合国家《危险废物贮存污染控制标准》（GB 18597—2013）。危险废物贮存设施必须按照相关规定设置警示标志，盛装危险废物的容器上必须粘贴符合标准的标签或标志牌。

1. 危险废物警告标志牌

适合于室内外悬挂的危险废物警告标志，如图 7-1 所示。

 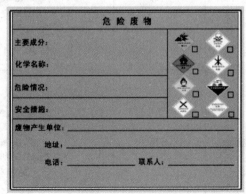

图 7-1　危险废物警告标志

2．危险废物的常见种类

危险废物的常见种类如表 7-1 所示。

表 7-1　危险废物的常见种类

废物种类	危险分类	标志	标签样式
废酸类	刺激性/腐蚀性		
废碱类	刺激性/腐蚀性		1．标签 图 7-1 的标签样式，适合于室内外悬挂的危险废物标签。 尺寸：40cm×40cm； 底色：醒目的橘黄色； 字体：黑体字； 字体颜色：黑色。
废乙醇甲苯溶剂	易燃		2．危险类别：按危险废物种类选择。 3．适用于： （1）危险废物储存设施为房屋，或建有围墙或防护栅栏时，门及墙面均需要粘贴标签。 （2）危险废物储存设施是其他箱、柜等独立储存设施时，箱柜正面张贴标签。
油-水混合物	有毒		（3）危险废物储存于库房一隅的，需要张贴标签。 （4）废物密封不外排，存放时需要张贴标签。 4．材料为不干胶印刷品
氰化物溶液	有害		

废物种类	危险分类	标志	标签样式
重金属	有害	HARMFUL 有害	
酸和重金属混合物	有害/刺激性	IRRITANT 刺激性	1. 标签 图 7-1 的标签样式，适合于室内外悬挂的危险废物标签。 尺寸：40cm×40cm； 底色：醒目的橘黄色； 字体：黑体字； 字体颜色：黑色。 2. 危险类别：按危险废物种类选择。 3. 适用于： （1）危险废物储存设施为房屋，或建有围墙或防护栅栏时，门及墙面均需要粘贴标签。
硝酸及硝酸盐类	爆炸性	EXPLOSIVE 爆炸性	（2）危险废物储存设施是其他箱、柜等独立储存设施时，箱柜正面张贴标签。 （3）危险废物储存于库房一隅的，需要张贴标签。 （4）废物密封不外排存放时，需要张贴标签。 4. 材料为不干胶印刷品
石棉	石棉	ASBESTOS 石棉 Do not Inhale Dust 切勿吸入石棉尘埃	

3. 生物性危险废物标志

生物性危险废物标志如图 7-2 所示。

4. 实验室危险废物的安全管理要求

危险废物管理的关键主要包括分类收集、包装选择、场所设施、标签标志及处理资质等。最新《中华人民共和国固体废物污染环境防治法》规定：

（1）实验室危险废物容器要求，应使用密闭容器收集贮存危险废物，一般可用高密度聚乙烯桶（HDPE 桶）。

（2）危险废物贮存的场所要求：是地面防腐，周边有溢流收集槽或有防溢漏托盘，分区存放，贮存设施内有装卸区域，并备有 24 小时监控等；使用中具有应急防护设施，如防护面罩、防护眼罩等个人防护用品。

（3）建立危险废物管理台账，记录危险废物的种类、产生量、流向、贮存、处置等相关信息。

（4）设置贮存等警示标志牌和危险识别标志等。

（5）制订危险废物管理计划、申报登记、申请转移，建立危险废物管理制度等有关危险废物的转移管理措施等。

图 7-2　生物性危险废物标志

三、实验室危险废物处理的规定

各实验室须指定专人负责实验室危险废物的管理工作。实验室应按规定设置危险废物专门收集容器，定点存放，有明显标志和警示标志。存放地点必须设置危险警告牌或张贴告示。同时，对实验过程中产生的危险废物实行严格的登记制度，填写的危险废物"校内转移单"须留存备查。

1．废液处理规定

（1）实验中产生的酸、碱废液必须经中和处理达到国家安全排放标准后才能排放，严禁将未经处理的酸碱废液直接倒入水池排入下水道。

（2）实验中产生的有害、有毒废液应分级分类收集于专门的废液收集容器中，禁止将易发生化学反应的废液混装在同一收集容器内。

（3）含重金属的废液，不论浓度高低必须全部回收。

2．废气处理规定

（1）可能会产生有毒有害废气的实验应在通风橱中进行或具备必要的吸收处理装置。

（2）实验过程中产生的废气应视具体情况分别处理，确认其有害物质浓度低于国家安全排放标准后才能直接排入大气。

3．固体废物处理规定

最新《中华人民共和国固体废物污染环境防治法》规定：收集、贮存危险废物，应当按照危险废物特性分类进行。禁止混合收集、贮存、运输、处置性质不相容而未经安全性处置的危险废物。禁止将危险废物混入非危险废物中贮存。

（1）实验室必须将实验产生、弃用的有毒有害固态物质以及危险物品的空器皿、包装物等有毒、有害废固、废渣放入专门收集容器中，不能随意掩埋、丢弃。

（2）实验器皿必须完全消除危害后才能改为他用。

🧲 知识链接

污染物处理的一般原则

为防止实验室的污染扩散，污染物的一般处理原则为：分类收集、存放，分别集中处理。尽可能采用废物回收以及固化、焚烧处理，在实际工作中选择合适的方法进行检测，尽可能减少废物量、减少污染。废物排放应符合国家有关环境排放标准。

4．实验室动物尸体处理应遵守的规定

（1）活体动物实验后，不得将动物的尸体或器官随意丢弃或焚烧，必须统一收集，集中冷冻存放，定期处理。

（2）凡存放动物尸体的单位应认真填写登记记录，登记内容包括：存放单位、存放人姓名、存放时间、动物种类、数量以及是否被污染，污染物类型及程度等。

5．实验用剧毒物品、麻醉品、药品及放射性废物的处理规定

（1）实验使用剧毒物品、麻醉品、药品及放射性品必须严格执行国家有关安全管理规定和本单位管理制度。过期的固体药物、浓度高的废试剂、剧毒物品、麻醉品、药品等必须保持原标签完好、清晰；由原器皿盛装暂存，待统一回收处理，不得随便掩埋或倒入收集容器内。

（2）剧毒品包装及弃用工具统一存放、处理、不得挪作他用或乱扔乱放。

（3）带有放射性的废物必须放入指定的具有明显标志的容器内封闭保存，集中统一处理。

6．实验室分类收集的未达标危废物

由设备与实验室管理处负责联系有资质的单位统一处理。废物处理费用由使用单位承担。

💡 思考与活动

以小组为单位，查阅资料，说一说国家在实验室废物管理方面出台了哪些法律法规或条例。

⚙ 任务二　规范处理实验室一般废物

📖 案例导入

2019 年 7 月 5 日，某实验室实验员将含有 DMSO（二甲基亚砜）的废液倒入水池，导致实验楼里的实验室和办公室充满 DMSO 气味，工作人员无法正常工作。该实验人员受到学院的通报批评。

讨论：实验室过程中，能不能随意将实验废液倒入水池？

一、实验室一般废物的分类

实验室一般废物按形态可以分为废液、废气、固体废物三类。

1．废液

实验室产生的废液包括多余的样品、化学分析残液、失效的贮藏液、洗液、大量洗涤水等。废液在实验室中产量大，处理任务重，是"三废"处理中的重要环节。常见的废液有无机酸类、氨水和氢氧化钠碱性溶液等。废液处理必须分类收集、安全存放，严禁随意排放。应将废物的详细情况，如成分、含量、性质、收集日期、负责人等信息填写在废液收集单上，并贴在废液桶上，由专职人员定期交由学校回收处理。

2．废气

实验室产生的废气包括试剂和样品的挥发物、实验过程中间产物、泄漏和排空的标准气和载气等。废气可以通过通风橱或通风管道，经空气稀释后排出。如果是有毒气体，如酸雾、甲醛、苯系物等，则必须通过过滤或吸收处理后才能排放。

3．固体废物

实验室产生的固体废物包括多余样品、实验产物、消耗或破损的实验用品（如玻璃器皿、纱布）、残留或失效的化学试剂等。这些固体废物如果对环境无害，可作为生活垃圾处理，如废纸、塑料、玻璃、金属和布料等。如果是失效的化学试剂、废电池、废日光灯管、废水银温度计、过期药品等，则应作为有害垃圾集中特殊处理。

> 💬 议一议
>
> 处理实验室废液时，实验人员能直接扔到垃圾桶里或者直接倒入水池吗？

二、固体废物的处理

固体废物的处理需根据其性质进行分类收集处理，禁止随意混合存放。一般处理方法如下：

（1）存放实验废物必须使用标记有"医疗废物"的专用黄色塑料袋，存放生活垃圾必须使用黑色塑料袋。

（2）能够自然降解的有毒废物，交给专业处理单位集中深埋处理；使用过的微生物、细胞等培养材料的固体废物，如：培养基、培养瓶、培养皿、培养板等需经过有效的消毒处理（如高压蒸汽灭菌30min或有效氯溶液浸泡2～6h）后方可清洗。

（3）不溶于水的化学药品禁止丢进废水管道，不便于实验室处理的固体废物，不能丢进垃圾桶内，应统一收集，送专门处理单位处理。

（4）电池，由实验室办公室统一回收，交有资质的部门进行无害化处理。

（5）玻璃锐器和其他有棱角的锐利废料，须另装入带盖的不易刺破的容器内处理。

需特别注意：鉴于溴化乙锭（EB）的强诱变性，实验室不鼓励使用EB染料，建议选用毒性小的新型替代染料（如荧光染料、花菁类染料等）。如果一定要使用EB，则EB污染过的废物严禁随意丢弃，必须经过有效的净化处理（如使用专业的EB清除剂或采用活性炭吸附、氧化使其失活等方法）。

三、液体废物的处理

化学性废液主要来源有：大量使用的洗涤用水、仪器清洗用水、多余的样品、标准曲线样品分析残液、失效的贮藏液和洗液如各种酸碱废液、含氟废液、重金属废液等。实验中以有机试剂作溶剂需要量最大，因此其排放量也十分可观。

这些废液主要分为有机废液和无机废液两种。

1. 常见的有机废液

常见的有机废液有油脂类、含卤素有机溶剂、不含卤素有机溶剂、含甲醛有机溶剂。

有机油脂类，如松节油、润滑油、动植物油，其特点是易燃、污染重。

含卤素有机溶剂，如氯仿、二氯甲烷、氯苯等，其特点是易燃、有毒、相当稳定、不易降解，溶液在体内造成累积性残留，危害人体健康和生态环境。燃烧后释放出的氯原子对臭氧层破坏性很强。

不含卤素有机溶剂，如各种醇、醚、烷烃、芳香族化合物等，其特点是易燃、有直接的毒害如苯中毒导致白血病，正己烷中毒导致肝肾衰竭等。

含甲醛有机溶剂类主要是生物解剖、标本保存等研究过程中使用较多。其危害是：易燃、腐蚀性强。长期接触会引起慢性呼吸道疾病；高浓度甲醛对神经系统、免疫系统、肝脏等都有毒害；甲醛致畸性、致癌作用强。长期接触者可引起鼻癌、皮肤癌和消化道癌症。

2. 常见的无机废液

常见的无机废液有酸碱废液，含重金属废液，含氟、氰、六价铬废液等。

3. 处理原则

大量废液在处理之前需要混合填装，但必须进行废液相容性实验，否则会产生热、起火，产生有毒气体、易燃气体，发生爆炸、剧烈反应以及不能确定是否有危害性。因此，废液储存必须遵循如下原则：水反应性类的单独储存、空气反应性类的单独储存、氧化剂类的单独储存、氧化剂与还原剂需要分开储存、酸液与碱液需要分开储存、氰系类与酸液需要分开储存、含硫类与酸液需要分开储存、碳氢类溶剂洗涤剂与卤素类溶剂需要分开储存等。

注意：收集的实验室废液应有适当的储存场所，避免高温、日晒、雨淋以及应有防漏和防渗设施，最好放置在有抽气设备的储存柜中或存放于有换气设备的房间中。根据废液性质确定储存容器和储存条件，不同废液一般不允许混合，避光、远离热源，以免发生不良化学反应。确定分类，装于储存桶中；储存容器贴上标签并注明内容物的成分、特性、储存时间及单位，废液桶封口紧密。

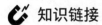 知识链接

有机溶剂中毒引发的职业病

我国《职业病目录》中涉及职业性化学中毒共有56种，其中最多的是有机溶剂中毒。以苯及苯的化合物中毒居多，其次为正己烷中毒、苯酚中毒、甲醛中毒、氯丙烯中毒、四氯化碳中毒、二硫化碳中毒、甲醇中毒、氯丙烯中毒、三氯乙烯中毒、二氯乙烯中毒、氰及腈类化合物中毒等。

四、气体废物的处理

1. 实验过程中产生的废气主要来源

实验过程中的废气主要来源于实验过程中化学试剂的挥发、分解、泄漏等，其主要成分大多是易燃和有毒气体。具体包括挥发性的试剂和样品的挥发物、实验分析过程的中间产物、泄漏或排空的标准气等。

依据气体对人体危害的不同，可以将其具体分为两类：第一类是刺激性的有毒气体，它们通常对生物的眼睛和呼吸道黏膜有很大的刺激作用，比如常见的有氨气、二氧化硫、氯气及氟氧化物等；第二类是可以造成人体缺氧性休克的窒息性气体，例如硫化氢、一氧化碳、甲烷、乙烯等。

2. 实验室废气的处理要求

实验时，产生的少量有毒气体可通过通风橱或通风管道排出室外，经空气稀释排出。大量的有毒气体必须通过与氧充分燃烧或吸收处理后才能排放。所有产生废气的实验必须备有吸收或处理装置，如 NO_2、SO_2、Cl_2、H_2S、HF 等可用导管通入碱液中使其大部分被吸收后排出；在反应、加热、蒸馏中，不能冷凝的气体，排入通风橱之前，要进行吸收或其他处理，以免污染空气；测定汞的废气应通到酸性高锰酸钾吸收液内，以防止污染。

3. 实验室常用的吸收剂及处理方法

(1) 氢氧化钠稀溶液：处理卤素，酸气（如 HCl、SO_2、H_2S、HCN 等），甲醛，酰氯等。

(2) 稀酸（H_2SO_4 或 HCl）：处理氨气、胺类等。

(3) 浓硫酸：吸收有机物。

(4) 活性炭、分子筛等吸附剂：吸收气体、有机物气体。

(5) 水吸收水溶性气体，如氯化氢、氨气等。为避免回吸，处理时用防止回吸的仪器。

(6) 氢气、一氧化碳、甲烷气，如果排出量大，应装上单向阀门，点火燃烧。但要注意，反应体系空气排净以后，再点火。最好事先用氮气将空气赶走再反应。

(7) 较重的不溶于水挥发物应导入水底，使其下沉。吸收瓶吸入后再处理。

💡 思考与活动

以小组为单位，讨论实验室处理少量有毒气体的方法，当有大量有毒气体时又该如何处理。

⚙ 任务三　规范处理生物废物和放射性废物

📖 案例导入

2010 年 12 月 19 日，某大学实验室内 28 名师生因做实验而感染布鲁氏菌病，事故调查原因是未按要求遵守操作规程进行有效防护。

讨论：生物实验室废物处理不当会发生哪些危害？

实验室常见的生物感染原因有针尖刺伤、液体泼洒、标本、操作、仪器污染、饲养动物、处理废物、尸体解剖及不确定因素等。其中生物废物处理不当为主要原因之一。

一、生物废物的种类

生物废物主要包括感染性废物、病理性废物、损伤性废物、药物性废物等。

1. 感染性废物

感染性废物是携带病原微生物、具有引发感染性疾病传播危险的医疗废物。常见的有病原体的培养基、标本和菌种、毒种保存液；被污染过的棉球、棉签、纱布及各种敷料；废弃的血液和血清、使用后的一次性医疗用品和医疗器械。

2. 病理性废物

病理性废物主要是诊疗过程中产生的人体废物和医学实验动物尸体。

3. 损伤性废物

损伤性废物是指能够刺伤或者割伤人体的废弃医用锐器。如医用针头、缝合针、玻璃试管、玻璃安瓿、手术刀、载玻片等。

4. 药物性废物

药物性废物指过期、淘汰、变质或者被污染的药品。如废弃的疫苗、血液制品、变质抗生素等。

💬 议一议

实验人员在生物安全柜解剖动物后，手被污染后直接接触眼睛，可能会产生哪些风险?

二、生物废物的储存和处理

生物废物的贮存和处理应该遵循国家有关生物安全的有关法律法规。

（1）感染性废物、病理性废物、损伤性废物、药物性废物不能混合收集。少量药物性废物可以混入感染性废物，但应当在标签上注明。

（2）根据生物废物类别，将生物废物分置于符合《医疗废物专用包装物、容器标准和警示标识规定》的包装物或者容器内。在盛装生物废物前，应当对废物包装或者容器进行认真检查，确保废物包装或者容器没有破损、渗漏和其他缺陷。

（3）采用化学消毒处理技术的医疗废物包装袋应当符合以下要求。

① 包装袋分为黄色和红色两种，黄色袋盛装感染性废物及病理性废物，适用于化学消毒处理。红色袋盛装药物性，不适用于化学消毒处理，收集时红色袋应单独收集。

🧲 知识链接

··•

生物安全相关的国家法律法规

我国当前与生物安全相关的法律、法规、标准、预案等现行文件众多，主要有病原微生物、高等级生物安全实验室、传染病防控、医院感染控制、医疗废物处理、突发公共卫生事件、食品安全、农业转基因、生物制品、交通检疫、动物生物安全、植物生物安全、进出境检疫等。其中与实验室有关的主要法律法规有：

1.《生物安全实验室建筑技术规范》GB 50346—2011
2.《病原微生物实验室生物安全管理条例》（2018 年修订）
3.《移动式实验室生物安全要求》GB 27421—2015
4.《病原微生物实验室生物安全环境管理办法》（国家环境保护总局令第 32 号）
5. 国务院《医疗废物管理条例》（2011 年 1 月 8 日修订）
6.《中华人民共和国固体废物污染环境防治法》（2020 年 9 月 1 日起实施）
7.《中华人民共和国传染病防治法》（2020 年 10 月 2 日征求意见稿）
8.《国家突发公共事件医疗卫生救援应急预案》（2006 年 2 月 26 日）

② 包装袋上应有医疗废物的中文标志，标志内容应包括医疗废物产生的单位、产生日期、废物类别、警示标志等。

③ 包装袋在正常使用时应能够防止破损，并不与盛装设备材质发生化学反应。

④ 感染性废物先用高温高压灭菌法处理，分类标志注明单位、姓名后采用一次性塑料袋和纸箱密封收集保存。委托合格的废物清除处理单位定期清运、处理。

⑤ 损伤性废物应装入利器盒。

⑥ 生理性废物以焚烧处理，常温储存 1 日为限制，5℃以下储存的，以 3 日为限，−18℃冷冻的，以 30 日为限，应有感染性废物标志、储存时间、温度及重量等。

⑦ 药物性废物，少量时，可以按照感染性废物处理；大量时，应交合格的废物清除单位定期清运处理。

⑧ 化学性废物，回收或按照液体性化学废物处理。

三、放射性废物处理

（1）放射性废物是指含有放射性核素或者被放射性核素污染，其浓度或者比活度大于国家规定的清洁控制水平，不能再使用的废物。按照《放射性废物安全管理条例》（国务院令第 612 号）的规定，必须将放射性废物，送交取得相应许可证的放射性固体废物储存单位集中储存，或者直接送交取得相应许可证的放射性固体废物处置单位处置。

（2）带有放射性的废物必须放入指定的具有明显标志的容器内封闭保存，集中统一处理。放射性废物标志与储存如图 7-3 所示。

图 7-3　放射性废物标志与储存

思考与活动

查阅文献，熟悉国家在实验室废物管理方面有关法律法规的规定。

目标检测

一、单选题

1. 实验室"三废"包括（　　）。

A. 废液、废气、固体废物　　　　　B. 废气、废屑、非有机溶剂

C. 废料、废品、废气　　　　　　　D. 废液、废渣、剩余药品

2. 处置实验过程中产生的剧毒药品废液，说法错误的是（　　）。

A. 放入容器，妥善保管　　　　　　B. 不能随意倒入地面或掩埋

C. 集中保存，统一处理　　　　　　D. 用大量水稀释后冲入下水管道

3. 对实验中产生的二氧化硫、硫化氢、氯气处理方式是（　　）。

A. 不必处理，直接排放　　　　　　B. 用水吸收

C. 用碱液吸收　　　　　　　　　　D. 用酸液吸收

二、多选题

1. 实验时产生的废液废物应该（　　）。

A. 分类集中、统一处理　　　　　　B. 对未知废料不得任意混合

C. 酸碱或有毒物品溅出时及时处理　D. 对回收不便的废物掩埋

2. 收集、储存危险废物时需要遵守的注意事项是（　　）。

A. 需注意有些废液不能混合

B. 使用无破损且不会被废液腐蚀的容器

C. 对会产生有毒或易燃气体的废液，要进行前处理，并尽快处理

D. 含有放射性物质的废物，必须严格按照规定，严防泄漏

三、判断题

1. 实验室有机溶剂发生火灾时，启动水喷淋装置灭火。（　　）

2. 实验室的化学废物堆积到一定数量后，集中处理。（　　）

3. 实验室将收集好的废液贴好标签放在安全的地方贮存，保存地点有废液存放标志。（　　）

4. 凡是产生有害或者是刺激性气体的实验均应在通风橱内进行。（　　）

四、填空题

1. 废酸、废碱采用（　　）处理，用水稀释后排入污水管道。

2. 一般有机溶剂如醇、酯、醚等可以采用（　　）处理。

3. 低浓度废液经处理后排放。不同废液一般不允许（　　），应避光存放。

实验室安全事故的预防与应急救护

学习导读

实验室安全事故主要涉及火灾与爆炸事故，化学试剂的遗洒、泄漏、灼伤、烧烫伤事故，玻璃刺伤、割伤事故，中毒事故，触电事故，生物因子感染事故等。学习防范事故的措施和事故的正确处理与急救是保证师生安全健康和公众生命安全，减少财产损失、环境损害的重要内容。

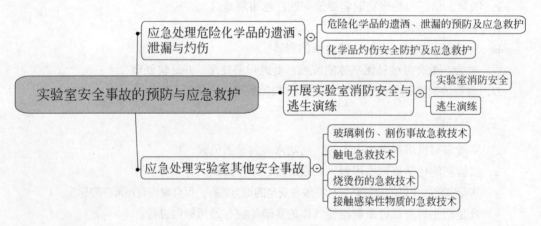

学习目标

知识目标

1. 掌握实验室安全事故的应急救护技术。
2. 熟悉实验室安全事故的预防管理。
3. 了解实验室安全逃生演练流程。

能力目标

1. 能学会预防实验室突发的安全事故。
2. 能正确处理实验室安全事故，并采取科学的应急救护措施。
3. 能养成良好的行为习惯，提高实验室安全意识。

🌐 任务一　开展实验室消防安全与逃生演练

📚 案例导入

2018 年 11 月 14 日，某大学五楼的有机实验室内，烟感报警器突然响起，楼道里照明失灵，烟雾在楼道内蔓延，能见度不足 5m，房间内已有明火。有机分析检验的 30 名学生及指导教师需要紧急疏散。

指导教师发现火警后，立即向应急救援中心报警并同时上报校领导，并实施应急处置程序。

讨论：1. 火灾初始阶段，应如何选择处置？
　　　2. 实验、实训教学中，如何加强安全逃生演练？

据有关消防资料统计，许多火场遇难者不是被火烧到身体死亡的，而是吸入大量有毒有害烟雾气体窒息而死的。造成死亡的大部分原因是错过了最佳的逃生时间或不懂正确逃生方法。一般火灾分为四个阶段，即初始阶段、发展阶段、猛烈阶段、衰减熄灭阶段。火灾初始阶段是逃生的黄金时间，人们应该选择正确通道、正确方法进行逃生，错过了第一时间逃生，后果不堪设想。

一、实验室消防安全

实验室是学校各种精密仪器设备和化学危险品集中的场所，仪器设备价格高，化学危险品数量多，一旦发生火灾伤亡、损失很大。《中华人民共和国消防法》明确规定："任何人发现火灾都应该立即报警"。发生火灾时，人们应采取正确、有效的灭火方法来控制和扑灭。灭火时要注意掌握三个原则：救人原则、先控制后消灭原则、先重点后一般原则。

1. 常用灭火器

常用灭火器主要有泡沫灭火器、干粉灭火器和二氧化碳灭火器，如图 8-1～图 8-3 所示。

灭火器是由筒体、器头、喷嘴等部件组成，借助驱动压力将所充装的灭火器喷出，达到灭火的目的。灭火器由于结构简单，操作方便，轻便灵活，适用面广，是扑灭初期火灾的重要消防器材。

2. 灭火器的使用方法

灭火器的使用有四个步骤（见图 8-4）：拔销子——握管子——压把子——对准喷。

（1）拔　提起灭火器，拔下保险销。某些灭火器需要松开插销、压下控制杆或执行其他动作。

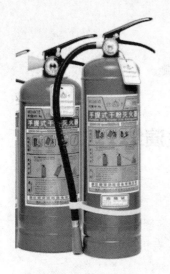

图 8-1　干粉灭火器

图 8-2　泡沫灭火器

图 8-3　二氧化碳灭火器

灭火器使用方法

1 提起灭火器

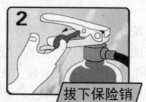

2 拔下保险销

3 用力压下手柄

4 对准火苗根部扫射

注意事项：

■ 干粉灭火器在使用前先上下颠倒几次，使筒内的干粉松动。

■ 二氧化碳灭火器不能直接用手抓住喇叭筒金属连接管，防止手被冻伤。

■ 灭火器不要倒置使用。

火警电话：119

图 8-4　灭火器使用方法图解

（2）握　紧握住管子，把灭火器的喷嘴对准火焰的底部区域。

（3）压　用力压下压把。

（4）喷　对火焰的底部区域左右进行喷射，直到确定火焰被完全扑灭。

3．灭火器的使用安全技术

根据不同性质的火灾采用不同方法进行灭火：对发生化学药品、油类、可燃气体、带电设备等性质的火灾采取干粉灭火器灭火。

（1）干粉灭火器　适宜扑救石油产品、油漆、有机溶剂、液体、气体、电气火灾。但是不能扑救轻金属燃烧的火灾。①使用时先拔掉保险销；②距离火焰两米的地方，按下压把，干粉喷出；③灭火时要接近火焰喷射，选择好喷射目标，不要逆风喷射。

注意：使用干粉灭火器应注意灭火过程中应始终保持直立状态，不得横卧或颠倒使用，否则不能喷粉；同时注意干粉灭火器灭火后要防止复燃，因为干粉灭火器的冷却作用甚微，在着火点存在着炽热物的条件下，灭火后易产生复燃；干粉灭火器指针范围——绿色表示正常，红色表示压力不足，黄色表示压力过大。

（2）泡沫灭火器　泡沫能覆盖在燃烧物的表面，防止空气进入。适宜扑救液体火灾，不能扑救水溶性可燃、易燃液体的火灾，如：醇、酯、醚、酮等物质和电器火灾。①使用时，先用手指堵住喷嘴将筒体上下颠倒两次，就会有泡沫喷出；②对于油类火灾，不能对着油面中心喷射，以防着火的油品溅出，顺着火源根部的周围，向上侧喷射，逐渐覆盖油面；③使用时不可将筒底筒盖对着人体，以防万一发生危险。

注意：泡沫灭火器存放应选择干燥、阴凉、通风并取用方便之处，不可靠近高温或可能受到曝晒的地方，以防止碳酸分解而失效；冬季要采取防冻措施，以防止冻结；并应经常擦除灰尘、疏通喷嘴，使之保持通畅。

（3）二氧化碳灭火器　适宜扑救贵重仪器设备、档案资料、计算机室内火灾。不导电所以适宜扑救带电的低压电器设备和油类火灾，但不能扑救钾、钠、镁、铝等物质的火灾。①使用时，鸭嘴式的先拔掉保险销，压下压把即可；②手轮式的要先取掉铅封，然后按逆时针方向旋转手轮，即可喷出；③注意手指不要碰到喇叭筒，会有冻伤的可能；④灭火时，二氧化碳灭火器要接近着火点，在上风方向喷射。

注意：对二氧化碳灭火器要定期检查，重量少于 5%时，应及时充气和更换。灭火时，人要站在上风处。二氧化碳灭火器使用过程中不能徒手接触喷枪，防止冻伤；一次灭火时间也不能太长，防止窒息伤亡。

二、逃生演练

（一）逃生演练目的

（1）增强师生的安全意识，确保在突发事件来临时，师生能有组织、快速、高效、有序地安全疏散。通过反复演练，学生掌握逃生的方法，积累实战经验，减少意外伤害造成的危害。

（2）提高师生在实验室事故发生时的应急处理能力和自我保护能力。通过组织现场训练，学生掌握干粉灭火器、二氧化碳灭火器的使用方法，能正确处理突发事件，学会相互配合，整体提高应对危急的协作处置能力。

（3）通过演练活动，培养学生听从指挥、团结互助的职业素养。不断完善疏散演练过程存在的问题，修订、完善应急预案，增强应急预案的实效性、符合性、可操作性。

实验现场发现火灾，可以乘坐电梯吗？如何穿过浓烟弥漫的楼道？正确的操作方法是什么？

（二）逃生演练的目标

（1）发现着火点应及时扑灭，将火灾控制在初期阶段，时间控制在 3～5 分钟。

（2）人员疏散应选择正确的逃生通道，火灾最佳逃生时间应控制在 90 秒内。

（3）火灾报警时，要沉着镇静地说清火灾的内容。如火灾初期的情况，包括起火单位名称、地址、起火部位、什么物资着火、有无人员围困、有无有毒或爆炸危险物品等，同时要讲清报警人姓名和电话，以便随时联系。119 没有确定前不要挂断电话。

（三）逃生演练原则

以人为本、疏散为主；统一指挥，共同参与，分工协作；反应迅速，措施得当。

（四）逃生演练基本情况说明

为了增强实战的针对性和实验场所着火的真实性，现场应采用演习烟幕弹模拟火场效果，演习时间由负责实验室的领导研究决定，演习地点为实验场所可能发生火灾的某实验室。

演习前，首先制定逃生演练实施方案，参与演练的全体师生必须明确实验场所校园位置、实验场所各实验室分布情况、可能发生火灾的某实验室在实验场所的具体位置、学生详细逃生通道等情况；熟悉消防器材在实验场所分布情况，常见防毒面具、急救箱具等放置位置；了解可能发生火灾的某实验室的实验内容，所用化学试剂、仪器等详细信息。

（五）逃生演练的组织机构及职责

1. 组织机构

主要有现场指挥、现场副指挥、疏散引导组、灭火行动组、通信联络组、火场警戒组等不同组织。

2. 管理职责

（1）现场指挥职责

①平时指导学生灭火和应急疏散的宣传教育、培训演练工作。②实训时接到火情报告后，立即了解火灾现场情况。③组织指挥师生进行紧急撤离。④对火势的发展应做出准确判断，组织指挥学生利用现有消防器材对着火部位进行扑救。⑤消防队到达现场后，配合做好火灾扑救工作。⑥火灾扑灭后，组织人员对火灾现场进行保护，并配合消防部门做好火灾原因调查。⑦演习结束后，组织学生做好各项恢复工作，保证教学秩序正常进行，并做好逃生演练总结工作。

（2）现场副指挥职责

①平时配合现场指挥做好对学生灭火和应急疏散的宣传教育、培训演练工作。②实训时接到火情报告后，立即配合现场指挥做好火灾扑救、人员疏散工作。③消防队到达现场后，配合做好火灾扑救工作。④火灾扑灭后，组织人员对火灾现场进行保护，并配合消防部门做好火灾原因调查。⑤演习结束后，配合现场指挥做好各项恢复工作，保证正常教学秩序，并做好逃生演练总结工作。

（3）疏散引导组职责

①接到危险信号后，按照现场指挥的指令，迅速组织实验室学生进行疏散。②1分钟内组织全部人员就近从出口撤离，疏散到指定地点集合。③各疏散引导人员5分钟内完成人员集合并清点人数，将疏散情况上报现场指导教师，防止还有人员留在火灾现场尚未疏散。④对受火灾威胁的危险物品和贵重物品进行转移。⑤执行现场指挥发出的其他指令。

（4）灭火行动组职责

①接到火警信息后，按照现场指挥和灭火行动组组长的指令，利用火场现有的消防器材、设施对初期火灾进行扑救和控制。②负责对火场受伤人员进行救治，并将其转移到安全地点。③执行现场指挥发出的其他指令。

（5）通信联络组职责

①发现火灾后，及时向应急救援中心报警，拨打火警电话"119"，同时通知单位领导。②拨打医疗急救电话"120"，联系当地最近医院对火场受伤人员进行转移救治。③联系学校后勤部门对火场进行断电。④对火场所需物资和人员进行调配。⑤熟练掌握相关抢险救援单位、部门、人员的联系方式。

（6）火场警戒职责

①对进入火场的主要路口、通道进行警戒，防止无关人员进入。②防止疏散出来的人员再次回到火场。③看守从火场疏散出来的物资，防止丢失和被盗。④火灾扑灭后，对火场进行保护，防止人员破坏现场，便于消防部门的调查。演习结束后，对演习现场进行清理等。

（六）逃生演练注意事项

1. 现场指挥

坚持现场环境安全"救人第一"的思想，立即按照应急处置方案，指挥疏散小组展开行动任务，临时指挥部设在实验楼安全平台。

2. 疏散引导组

（1）疏散引导学生就近从安全生产出口进行疏散。人员疏散完毕后，疏散引导组所有人员在实验楼安全平台集合清点各组学生，防止有人员留在火场，并将疏散引导情况及时上报现场指挥。

（2）对受火灾威胁的危险物品和贵重物品进行转移（物资存放地点根据实际情况另设）。

3. 灭火行动组

携带通信工具和湿毛巾，利用发生火灾实验室内的消火栓或灭火器，对室内的火势进行扑救和控制，防止火焰向周围蔓延。根据现场指挥的指令，对受伤学生进行现场救治、转移。

4. 演练注意事项

（1）参加演练学生要服从命令、听从指挥，态度严肃认真，严禁嬉笑打闹。

（2）所有学生要熟悉和明确应急演练方案、疏散路线、疏散目的地，明确逃生演练目的。

（3）在演习中，各组人员要保持通信畅通，人与人、组与组之间要相互配合。

（4）演练展开后，各组要注意沉着冷静、保持秩序，防止混乱现象发生。

（5）参加演习人员熟悉各自的分工和职责，所有设备和器材要按操作规程准确操作。

（6）注意自我保护，防止安全事故发生。

....●

报火警的方法

1. 除装有自动报系统的单位可以自动报警外，任何部门和人员发现火灾，应立即向本单位消防控制中心（应急救援消防执勤）报警和"119"消防报警。

2. 拿起电话拨打"119"，确认对方是不是消防队。报警时要沉着冷静，讲清以下内容：（1）起火单位名称、具体地址；（2）起火部位，着火物性质和火势发展，是否有人员被困和爆炸、毒气泄漏及其他情况；（3）留下报警人的姓名、电话号码和联系方法；（4）派人在主要路口迎候消防车。

💡 思考与活动

以小组为单位，谈一谈火场逃生的基本常识。

🌐 任务二　应急处理危险化学品的遗洒、泄漏与灼伤

📚 **案例导入**

2017 年 8 月 2 日，某实验室改造过程中，王某等人对高压釜的紧固件和阀门进行操作，在安装氯硅烷液相管时，将几天前放空的氯硅烷液相管的简易塞拔下的一刹那，突然有一股积存的氯硅烷挥发气体冲出，正值俯身紧固螺钉的王某来不及躲闪，正好喷到脸上和手臂上，将其灼伤。

讨论：实验室施工改造时，如何预防危险化学品的遗洒、泄漏，预防化学品灼伤呢?

实验室使用的试剂试药种类繁多，实验人员经常接触易燃、易爆、有毒、有害等各种危险化学品，若稍有不慎，就有可能发生化学品遗洒、泄漏或化学品灼伤、化学中毒等事故。实验人员应掌握科学的事故应急处理方法。

一、危险化学品的遗洒、泄漏的预防及应急救护

危险化学品的领用、储存、使用、装运等过程中，必须严格遵照《危险化学品安全管理条例》的要求，杜绝遗洒或泄漏事故发生。

1. 危险化学品遗洒、泄漏的预防

（1）使用、储存危险化学品的实验室必须建立健全危险化学品的安全管理制度、执行负责人制度，制定使用操作规程，明确安全使用注意事项并督促相关人员严格按照规定操作。

（2）危险化学品在装运时要严防震动、撞击、重压和倾倒。装运化学危险品车辆应悬挂危险物品标志，车辆严禁烟火，低速慢行，确保人身、财产安全。

（3）师生欲使用危险化学品、放射性物品时，应接受相关安全技能和法律法规培训，熟悉安全操作规程，考核合格后才能使用。在实验实训场所使用危险化学品、放射性物品的部门应配备专职或兼职的安全员，安全员应熟悉危险化学品的安全管理知识。

（4）建立和完善危险化学品安全标签使用制度，是预防和减少危险化学品事故发生的重要前提。

（5）危险化学品储存必须遵守国家有关规定。

（6）剧毒化学品储存严格遵守"五双"制度，即双人收发、双人使用、双人运输、双人记账、双人双锁。

（7）使用危险化学品前，实验人员要仔细阅读技术说明书（简称 MSDS），熟悉实验危险化学品的危险性，穿戴好个人防护用品，必要时戴上防护眼镜；实验时要精力集中，严禁打闹嬉戏；严禁实验过程中进食、饮水，严格按照标准规程进行操作。挥发及有毒危险化学品必须在通风橱内操作。实验结束应将所用物品立即放回原处，检查标签完整，严格禁止装入与标签不相符的物品。

（8）废物收集容器要防腐蚀、防泄漏，并且贴有明显标签、分类存放，谨慎处理。

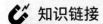 **知识链接**

危险化学品的储存原则

一、一般原则

1. 所有化学品和配制试剂都应置于适当容器内，贴有明显标签；标签无法辨认或无标签的药品当作危险品，不可随便丢弃，需要鉴别后标识处理。

2. 存放化学品的场所必须整洁、通风、隔热、安全、远离热源和火源。

3. 实验室不得存放大桶试剂，严禁存放大量的易燃易爆品及强氧化剂。

4. 化学试剂应密封分类存放，切勿将相互作用的化学品混放。

5. 实验室须建立并及时更新化学品台账，及时清理无名废旧的化学品。

二、分类存放原则

1. 易爆品与易燃品、氧化剂应隔离存放，宜存于 20℃以下，最好保存在防爆试剂柜、防爆冰箱中。

2. 易产生有毒气体或烟雾的化学品应存放于干燥、阴凉、通风处。

3. 腐蚀品应放在防腐蚀性药品柜的下端。

4. 需低温存放的化学品存放于10℃以下的冰箱中。

5. 要求避光保存的药品应用棕色瓶装或者用黑纸、黑布或铝箔包好后放入药品柜储存。

6. 特别保存的药品如金属钠、钾等碱金属，应储存于煤油当中；黄磷储存于水中；此两种药品易混淆，要隔离存放。

2. 危险化学品遗洒、泄漏的应急救护

（1）危险化学品遗洒、泄漏事故的应急处理过程　一般包括汇报（报警）、紧急疏散、现场急救、泄漏的处理和控制（包括火灾控制）等几方面。

① 汇报（报警）的内容应包括：事故单位、事故发生的时间、地点、化学品名称和泄

漏量以及泄漏的速度、事故性质（外溢、爆炸、火灾）、危险程度、有无人员伤亡以及报警人姓名及联系电话等内容。

② 紧急疏散，根据化学品泄漏的扩散情况或火焰辐射热所涉及的范围建立警戒区域并设警示标志，并有专人警戒，无关人员禁止进入警戒区域；拉响警报，迅速将警戒区内与事故应急处理无关的人员紧急疏散，以减少不必要的人员伤亡。

③ 现场有人受到危险化学品伤害时，执行职业病危害告知卡（如图 8-5）中的应急处理和注意防护要求，立即现场急救，救护重点当心中毒。如皮肤污染时，脱去污染的衣服，用流动清水冲洗，冲洗要及时、彻底、反复多次；眼睛接触到危险化学品时，立即翻开上下眼睑，用流动清水冲洗至少 15min，并及时就医；吸入危险化学品时，迅速脱离现场至空气新鲜处，保持呼吸道畅通。呼吸困难时，及时输氧。如呼吸及心跳停止时，立即进行人工呼吸、就医，忌用肾上腺素。误食危险化学品时，应立即漱口，饮足量温水，并反复催吐，急送医院等。

职业病危害告知卡

对人体有害，请注意防护

丙酮 Acetone	健康危害	理化特性
	急性中毒主要表现为对中枢神经系统的麻醉作用，出现乏力、恶心、头痛、头晕、易激动。重者发生呕吐、气急、痉挛，甚至昏迷。对眼、鼻、喉有刺激性。口服后，先是口唇、咽喉有烧灼感，后出现口干、呕吐、昏迷、酸中毒和酮症。 慢性影响：长期接触该品出现眩晕、灼烧感、咽炎、支气管炎、乏力、易激动等。皮肤长期反复接触可致皮炎。	无色透明易流动液体，有芳香气味，极易挥发。其蒸气与空气可形成爆炸性混合物，遇明火、高热极易燃烧爆炸。与氧化剂能发生强烈反应。

当心中毒

应急处理
皮肤接触：脱去污染的衣着，用肥皂水和清水彻底冲洗皮肤。
眼睛接触：提起眼睑，用流动清水或生理盐水冲洗。就医。
吸入：迅速脱离现场至空气新鲜处。保持呼吸道通畅。如呼吸困难，给输氧。如呼吸停止，立即进行人工呼吸。就医。
食入：饮足量温水，催吐。就医。

注意防护
工作场所禁止吸烟、进食和饮水。工作毕，淋浴更衣。注意个人清洁卫生。

急救电话：120
消防电话：119

咨询电话：中国疾病预防控制中心职业卫生与中毒控制所010-83132345
当地职业中毒与控制机构：

图 8-5　职业病危害告知卡

④ 泄漏的处理和控制的操作流程为：切断火源、电源→隔离泄漏污染区→采取堵漏措施→急救中毒人员并尽快送到医院→应急人员应佩戴自给式呼吸器，必要时佩戴防毒面具，按照化学品安全技术说明书（MSDS）的指引程序处理。

（2）泄漏处理常备用具　包括个人防护用品（如防毒面具、空气呼吸器等）、围堵防泄漏装置（如盛漏托盘和各种黏合胶）、化学品吸附耗材（如吸附棉等）、废弃溶剂回收箱（如各种废液罐、垃圾桶）以及相应的警示标示（如警告标签、警告标志、围栏、隔离栏）等。

（3）注意事项　泄漏处理人员进入泄漏现场进行处理时，要注意：①进入现场人员必须配备必要的个人防护器具。②如果泄漏的化学品是易燃易爆的，应严禁火种。③应急处理时严禁单独行动，要有监护人，必要时用水枪、水炮掩护。④封闭下水道、雨水口和一切危险化学品可能外溢的路径。

3. 急性中毒常用的救护方法

（1）首先，将中毒者移离中毒现场，移至空气新鲜场所给予吸氧。脱除被污染衣物，用流动清水及时冲洗皮肤，时间一般不少于 20min，并考虑选择适当中和剂做中和处理。若有毒物溅入眼睛或引起灼伤时要优先迅速冲洗。

（2）必须保护中毒者的呼吸道通畅，防止梗阻。密切观察中毒者意识、瞳孔、血压、呼吸、脉搏等生命体征，发现异常应立即处理。

（3）误食毒物时应立即给中毒者服下催吐剂，如肥皂水、芥末和水、面粉和水、鸡蛋白、牛奶和食用油等，然后用手指伸入喉部使其引起呕吐。磷中毒者不能喝牛奶，可用 5～10mL 的硫酸铜溶液加入 1 杯温水后内服，以促使其呕吐，然后送医院治疗。

（4）有毒气体中毒时，应将中毒者移至空气流通的地方，进行人工呼吸，输氧；若二氧化硫、氯气刺激眼部，用 2%～3% $NaHCO_3$ 溶液充分洗涤；咽喉中毒用 2%～3% $NaHCO_3$ 溶液漱口，并饮牛奶或 1.5%的氧化镁悬浮液。

（5）有毒物质落在皮肤上，可参照化学灼伤的处理方法处理后送医院治疗。

二、化学品灼伤安全防护及应急救护

化学品灼伤是试剂准备或实验过程中较为常见的安全事故，是化学物质与人体接触后产生的一系列化学反应性损害。

化学品灼伤与一般的烧伤、烫伤不同。其特殊性在于：即使脱离了致伤源，如果不立即除去人体上的污染物或腐蚀物，这些物质仍会继续腐蚀皮肤和组织。化学物质与人体组织接触时间越长、浓度越高、处理不当、清洗不彻底，灼伤也越严重。经验表明，碱灼伤的危害比酸灼伤更为严重。因为酸作用于身体组织后，一般能很快使组织蛋白凝固，形成保护膜，阻止酸性物质向深层进展。而当碱与身体组织接触后，碱能与身体组织反应变成可溶性化合物，尽管灼伤初期可能不严重，但过一段时间后，碱液继续向深度及广度扩散，使灼伤面不断加深加大。

因此，在紧急情况下，必须首先对患者进行适当的急救处理，抓紧时间将被灼伤人员送往医院做进一步治疗，以将伤害减至最小。

1. 化学品灼伤的分类

化学品灼伤主要包括眼睛灼伤和皮肤灼伤。眼睛灼伤是眼内溅入碱金属、溴、磷、浓酸、浓碱等化学品和其他具有刺激性的物质，对眼睛造成灼伤；皮肤灼伤有酸灼伤、碱灼伤和溴灼伤，如氢氟酸能腐烂指甲、骨头，滴在皮肤上会形成痛苦的、难以治愈的烧伤。因此必须防范化学品灼伤事故的发生。

2. 化学品灼伤的预防

预防化学品灼伤的简易防护装备如图 8-6 所示。

图 8-6　简易防护装备

（1）保护好眼睛　实验中最重要的是保护好眼睛。根据实验实际情况佩戴防护眼镜（图 8-7），防止眼睛受刺激性气体熏染，防止任何化学品特别是强酸、强碱进入眼内。

（2）禁止用手直接接触化学品　使用剧毒化学品时除用药匙、量器外必须佩戴橡胶手套（图 8-8），实验后马上清洗仪器用具，并用肥皂洗手。

图 8-7　防护眼镜

图 8-8　防护手套

（3）避免吸入化学品蒸气　处理具有刺激性的、恶臭的和有毒的化学品时，如 H_2S、NO_2、Cl_2、Br_2、CO、SO_2、SO_3、HCl、HF、浓硝酸、发烟硫酸、浓盐酸、乙酰氯等，必须在通风橱中进行。通风橱开启后，不要把头伸入通风橱内，并保持实验室通风良好。

（4）严格遵守实验操作规程　按要求穿好实验服，规范操作。在实验室禁止吸烟、进食；禁止赤膊、穿拖鞋；移取浓酸、浓碱、有毒液体应该用洗耳球吸取，禁止口吸吸管；禁止用嘴品尝或直接嗅闻化学品。

3．化学品灼伤的急救处理技术

化学品灼伤事故发生后，需在最短时间内进行急救处理。

（1）眼睛灼伤急救处理　眼内溅入碱金属、溴、磷，浓酸、浓碱或其他刺激性物质，应立即用大量水缓缓彻底冲洗，实验室内应备有专用洗眼器，如图8-9所示。洗眼时要保持眼皮张开，持续冲洗15min，边冲洗边转动眼球。冲洗完毕后，盖上干净的纱布迅速送往医院眼科做进一步处理。切记不要紧闭双眼，不要用手使劲揉眼睛。若无冲洗设备或无他人协助冲洗时，可将头浸入脸盆或水桶中，努力睁大眼睛（或用手拉开眼皮），浸泡十几分钟，同样可达到冲洗的目的。

（2）皮肤灼伤急救处理　发生化学灼伤事故，首先要立即脱去被污染的衣物和鞋子，随后开喷淋装置（图8-10），用大量清水冲洗创面15～20min，注意最好在事故发生后1～2min内开始冲洗，能使伤害降至最低，有条件时边冲洗边用pH试纸不断测定创面的酸碱度，一直冲洗到中性（pH=7）。需注意发生干石灰或浓硫酸灼伤时，不得先用水冲洗。因它们遇水反而放出大量的热，会加重伤势，应先用干布（纱布或棉布）擦拭干净后，再用清水冲洗。

图 8-9　洗眼器　　　　　　　　　　图 8-10　紧急喷淋装置

（3）酸灼伤　先用大量水冲洗，再用稀 $NaHCO_3$ 溶液或稀氨水浸洗，最后用水洗。皮肤若被氢氟酸灼烧后，应先用大量水冲洗20min以上，再用饱和硫酸镁溶液或70%乙醇浸洗，或用肥皂水或2%～5% $NaHCO_3$ 溶液浸洗。局部外用可的松软膏或紫草油软膏及硫酸镁糊剂。

（4）碱灼伤　先用大量水冲洗，再用1%硼酸溶液或2%乙酸溶液浸洗，最后再用水洗。

（5）溴灼伤　使用液溴时，都必须预先制好适量的20% $Na_2S_2O_3$ 溶液备用。一旦有溴液沾到皮肤上，立即用 $Na_2S_2O_3$ 溶液冲洗，再用大量水冲洗干净，包上消毒纱布后迅速就医。在受到上述灼伤后，若创面起水泡，均不宜把水泡挑破。

（6）黄磷灼伤　首先用大量清水冲洗，清除身上的磷屑（黄磷在暗处能发光，宜在暗处进行），再用少量2%硫酸铜溶液或3%硝酸银溶液轻抹创面，去掉所形成的黑色磷化铜；最后再用生理盐水将创面上的硫酸铜冲去，用湿布覆盖创面，以隔绝空气，防止继续侵害皮肤。

💬 议一议

化学品灼伤分为哪几类？如何对化学品灼伤进行预防？

💡 思考与活动

说一说，一旦出现浓硫酸迸溅进入眼睛，该如何应急处理。

任务三 应急处理实验室其他安全事故

案例导入

某高校实验人员在处理一瓶四氢呋喃时，没有仔细核对，误将一瓶硝基甲烷投入氢氧化钠溶液中。试剂瓶立即冒出白烟，当事人慌张拉下通风橱玻璃门。此时试剂瓶口的白烟变成黑色泡沫状液体。当事人急忙求助实验室的一名博士后帮忙，结果通风橱内发生爆炸，玻璃碎片将二人的手臂割伤。

讨论：1. 造成此次事故的主要原因是什么?

2. 事故造成的玻璃刺伤或割伤，该如何进行现场处理?

实验室常见事故中，除了烧烫伤、化学品灼伤、中毒事故之外，还有锐器伤害事故、触电事故以及潜在感染性物质感染事故等。

一、玻璃刺伤、割伤事故急救技术

实验室玻璃割伤、针头刺伤均属于锐器伤害。锐器伤害是指被针头、剪刀、手术刀、玻璃等实验器械的锐利部位伤害，如刺伤或割伤。如果是病原微生物的锐器伤害可能还会造成感染风险。

因此，实验室中的锐器伤害是威胁实验人员身心健康，导致实验人员感染血源性传播性职业病的主要原因。其伤口应急处理措施主要有以下三步。

(1) 在伤口旁侧轻轻挤压，尽可能挤出损伤处的血液，再用肥皂液和流动水清洗。

(2) 用肥皂液和流动水冲洗至少 5～10min 后，被暴露的黏膜应当反复用生理盐水冲洗。

(3) 用 75%乙醇或者 0.5%碘伏溶液进行消毒，并包扎伤口，如图 8-11 所示。

图 8-11 玻璃割伤、针头刺伤后伤口处理步骤

二、触电急救技术

1. 触电急救的原则

迅速使触电人员脱离电源，及时现场急救，保护伤员生命。注意触电人员未脱离电源前，救护人员不准用手直接触及伤员。

使伤者脱离电源的方法是：切断电源开关（若电源开关较远，可用干燥的木橇、竹竿等挑开触电者身上的电线或带电设备）；可用几层干燥的衣服将手包住，或者站在干燥的木板上，拉触电者的衣服，使其脱离电源。

💬 议一议

触电者脱离电源后，如神志不清该如何处理？

2．现场心肺复苏操作技术

（1）判断环境安全　救护员要确保触电者已脱离电源，施救环境安全。

（2）识别判断　只要确认自身和触电者的安全，然后才能进行 CPR（心肺复苏）。判断成人意识时，救护员要双膝跪于伤员右侧，轻拍患者双肩，大声呼唤"先生，你怎么了"。触电者无动作或应声，即判断无反应、无意识；用"听、看、感觉"的方法判断触电者有无呼吸。我们可以靠近触电者口鼻，去感受其鼻息，并观察触电者胸、腹部，若口、鼻无正常的呼吸（或叹息样呼吸），并且看不到胸、腹部的起伏，则可判断为无呼吸，并判定触电者已发生心搏骤停，立即施行心肺复苏。专业人员则可以通过触摸患者大动脉（颈动脉、股动脉）搏动来进一步确认患者的状态。检查是否有心跳，检查时间不超过 10 秒。

（3）呼叫、求救　同时积极寻求现场围观人员的帮助。高声呼救："快来人啊，这里有人晕倒了，我是急救员，现场有谁会急救的，请帮一下我，这位同志，麻烦你拨打一下 120"，看看周围是否有自动体外除颤器（简称 AED）等。

（4）实施胸外按压　救助人员双腿自然分开与肩同宽，跪于触电者一侧（一般为右侧），触电者呈仰卧位，上肢置于身体两侧呈心肺复苏体位。救护者十指交叉，手掌朝下定位在胸部两乳头连线中点，实施心肺复苏，或在触电者胸骨中下 1/3 处，救助者双手手指交叉、掌根重叠、垂直向下、平稳有节奏地用力按压，按压频率控制在 100～120 次/min。

① 按压要求：肘关节伸直，上肢呈一直线，以髋关节为支点，用上身的重量垂直向下按，确保每次按压的方向与胸骨垂直。注意：如果按压位置不正确可能导致按压无效、骨折；正常体型按压深度为 5～6cm，每次按压后，放松时胸廓回复到按压前位置，按压与放松时间比为 1:1。为保证按压时的速率恒定，我们可以边按压边以 01、02、03、04……的方式计数，连续 30 次按压为一组。按压应保持双手位置固定，手掌根不离开胸壁，可减少直接压力对胸骨的冲击，以免发生骨折，尽量避免按压中断。

② 开放气道：首先是检查、清理患者口腔异物，检查口中是否有异物，如有异物，用双手捧住患者头部两侧，轻轻将头偏向救护员一侧，食指勾出异物，清除呕吐物。其次是开放气道，可以采用仰头举颏法打开气道；怀疑有头颈部损伤时，应避免头颈部过度后仰，可采用托颌法。

③ 人工呼吸：成人吹气有口对口、口对鼻等方法。有条件的情况下，使用人工呼吸面膜。人工呼吸面膜是一种方便携带使用的人工呼吸辅助工具，可以避免直接接触患者的口鼻，保护救护者，减少感染。采用人工呼吸时，救护员手捏患者鼻孔，用口完全罩住患者的口，缓慢吹气，每次通气时间持续约 1 秒，吹气后松开鼻孔。连续 2 次，每次通气必须使患者的肺脏能够充分膨胀，可见胸廓起伏。但是口对口吹气不宜过快或过用力，一般每次通气量约 500～600mL。按压/吹气比为 30:2，进行 5 个循环。停止按压，重新评价，检查呼吸、心搏

是否恢复，检查时间不超过 10 秒。

重要提示：徒手进行心肺复苏时，自动体外除颤器（AED）一旦到达，立即使用 AED 进行电除颤。救护直到触电者面色红润，有生命体征出现或者 120 急救车到来，专业医护人员接收为止。

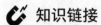 **知识链接**

心肺复苏操作方法

一只手的掌根部紧贴按压部位，另一只手重叠其上，十指交叉，双臂伸直与伤员胸部呈垂直方向。用上半身重量及肩臂肌力向下用力按压，要有节奏，有规律，比自身呼吸频率稍快。按压频率 100～120 次/分；按压深度：成人 5～6cm，儿童 2～3cm，婴幼儿 1～2cm；按压 30 次，人工呼吸 2 次为一个循环。5 个循环后停止，检查颈动脉，再次观察患者呼吸、脉搏、面色。一般情况下，非专业人员，不建议口对口人工呼吸。

三、烧烫伤的急救技术

实验室中最多见的是烫伤，比如火焰烫伤、热器皿接触烫伤及热油溅伤等。这类烫伤仅累及表皮和部分真皮（即Ⅱ度烧伤），表现为局部红肿、疼痛、有触痛，压之变白，24h 内可能出现渗出和水疱。

1. 发生烫伤的急救原则

急救原则是五个步骤：冲、脱、泡、盖、送。

（1）冲　迅速将烫伤部位浸泡在冷水中或用流动的冷水冲洗伤口 30min。

（2）脱　在水中小心地除去衣物，以快速降低皮肤表面的温度（注意不要刮伤患处或挑破水疱）。

（3）泡　对于疼痛明显者可持续浸泡冷水中 10～30min，但要注意水温不要太低，依据患者的耐受力以防感冒。

（4）盖　覆盖消毒过的或干净的纱布、被单。

（5）送　转送到邻近的或专业治疗烧伤的医院进行正规治疗。

注意：冲洗和浸泡水温不要低于 5℃；不要冰敷；不要使用牙膏、香油、食醋等物品；不要擅自挑破水疱；如果出现水疱建议前往医院处理。

2. 急救处理方式

（1）迅速让受伤人员脱离热源。

（2）将患者烧伤部位浸泡于冷水中或用流动的自来水冲洗 15～30min，快速降低皮肤表面热度。

（3）充分泡湿后再小心除去受伤部位的衣物，必要时可用剪刀剪除。

（4）对粘连部分衣物暂时保留，切不可强力剥脱衣物。

（5）尽量避免将水疱弄破或在伤处吹气，以免污染伤处。

（6）不可在伤处涂抹油膏、药剂，避免引起感染。

（7）根据烧烫伤情况，必要时可以使用敷料并加以包扎。

（8）如果手脚受伤严重，应让患者躺下，将受伤部位垫高，减轻肿胀。

（9）视情况及时送医治疗。

四、接触感染性物质的急救技术

实验室与工作有关的感染主要是由于人为失误、不良实验技术以及仪器使用不当造成的。如何避免或尽量减少这类常见问题的发生，重点参照项目五生物实验室的安全规定执行。一旦实验人员接触了污染物，常见的处理方法有：

（1）工作服溅上少量毒（菌）液时，立即由消毒专员用浸泡 1%菌毒净溶液毛巾吸拭干净，再用浸泡 1%菌毒净溶液的毛巾吸附消毒，擦拭毛巾放入 1%菌毒净溶液浸泡消毒。

（2）工作服大面积污染毒（菌）液时，除进行第一步操作外，在离开实验区前先进行消毒和手套外表清理，然后出更衣室，用外翻法小心脱去工作服，再用外翻法除去手套。然后，依个人敏感情况对受污染范围喷洒 1%菌毒净溶液或 75%乙醇二遍后，进行淋浴冲洗二次。

（3）实验人员有开放性伤口时，在实验区内先用双氧水冲洗伤口，伤口周围用 5%碘酒消毒后，再用 75%乙醇脱碘，伤口涂碘甘油消毒后，用消毒纱布包扎。根据污染微生物类型，必要时在更衣室口服抗病毒（细菌）药物，就近送传染病医院住院观察治疗。

（4）在实验过程中，实验人员万一眼、鼻、口或外伤伤口接触到强毒（菌）时，及时用灭菌生理盐水充分冲洗，并马上到更衣室，服用抗病毒（细菌）药物。第一时间向学院安全第一责任人报告，暂停工作，随时观察伤情。

（5）实验人员在任何时候出现发热、鼻塞、流泪、咽喉肿痛、咳嗽、气喘、肺部疼痛、肌肉酸痛等其中任何感冒症状之一，必须向实验主任报告。如同时出现高热、咳嗽、肺部不适症状群，必须马上向学院安全第一责任人报告，并尽快安排采用封闭方式到医院治疗排查。

💡 思考与活动

查阅资料，说一说容易发生感染性的废物包括哪些。

⚙ 目标检测

一、单选题

1. 吸入刺激性或有毒气体，不正确的做法是（　　）。

A．关闭管道阀门切断毒源　　　　　B．开启门窗降低毒物浓度

C．将患者转移到空气新鲜的地方　　D．立即进行人工呼吸

2. 被强酸强碱灼伤应迅速用大量流动清水至少冲洗（　　）。

A．5min　　　　　　　　　　　　　B．10min

C．20min　　　　　　　　　　　　　D．30min

3. 实验室工作人员必须配备个体防护用品包括（　　）。

A．防护帽、工作服　　　　　　　　B．护目镜

C．口罩、手套　　　　　　　　　　D．以上均是

二、多选题

1. 烫伤降温的应急处理步骤包括（　　）。

A. 冲   B. 脱

C. 泡   D. 盖和送

2. 取用化学药品时，以下操作事项正确的是（　　）。

A. 取用腐蚀和刺激性药品时，尽可能戴上橡皮手套和防护眼镜

B. 倾倒时，切勿直对容器口俯视；吸取时，应该使用橡皮球

C. 开启有毒气体容器时应戴防毒用具

D. 裸手直接拿取药品

3. 在有人触电时，借助符合相应电压等级的绝缘工具可（　　）使触电人员脱离电源。

A. 切断电源   B. 割断电源线

C. 挑拉电源线   D. 借助工具

4. 实验人员接触了污染物，常见的处理方法有（　　）。

A. 工作服溅少量毒（菌）液时，立即由消毒专员用浸泡 1%菌毒净溶液毛巾吸拭干净

B. 工作服大面积污染毒（菌）液时，还需要对受污染范围喷洒 1%菌毒净溶液或 75%乙醇二遍后，进行淋浴冲洗二次

C. 实验人员有开放性伤口时，在实验区内先用双氧水冲洗伤口，伤口周围用 5%碘酒消毒后，再用 75%乙醇脱碘，伤口涂碘甘油消毒后，用消毒纱布包扎

D. 情况严重时，就近送传染病医院住院观察治疗

三、判断题

1. 对于从事高生物活性及微生物检验的人员只需经过实验室安全培训。（　　）

2. 针筒和解剖刀应置于利器盒内，再进行废物处理。（　　）

3. 酸灼伤时先用大量水冲洗，再用稀 $NaHCO_3$ 溶液浸洗，最后用水洗。（　　）

项目九

实验室信息安全与管理

现代实验室的运行过程中，涉及大量信息的收集、存储、传输和应用等，如原始实验数据记录、实验结果分析、新的科学发现等。实验室信息的安全与管理与计算机技术的联系日益密切。在实验室环境中，做好信息安全管理的主要目的是确保有关信息系统和设备能正常工作，实验数据不丢失、不泄露，管理更加规范，提高实验工作成效。

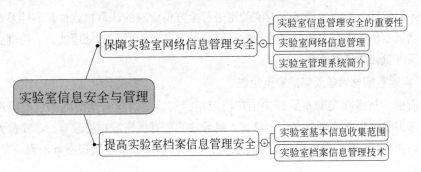

学习目标

知识目标

1. 掌握实验室网络信息管理的安全技术。
2. 熟悉实验室档案管理基本安全技术。
3. 了解常见的实验室网络信息安全管理软件。

能力目标

1. 能对实验室网络信息采取安全的管理措施。

2. 能对实验室药品试剂账册、原始记录及数据进行管理。

🌐 任务一　保障实验室网络信息管理安全

📖 案例导入

　　常州进出口工业及消费品安全检测中心（DPTC）于 2020 年最新研发一款 LOMA-RMS 智能试剂管理系统，实现化学品全生命周期的安全监控，创建无人值守的智慧仓库。体现了安全管控、业务赋能、降本提效、提升精细化管理的亮点工程。

　　讨论： 如何实现实验室信息的安全管理呢？信息安全体现在哪些方面？

一、实验室信息管理安全的重要性

1. 实验室信息管理系统

　　实验室信息管理系统（Laboratory Information Management System，LIMS）是以数据库为核心的信息化技术与实验室管理需求相结合的信息化管理系统。实验室管理的对象是与实验室有关的人、事、物、信息、经费等，主要包括：实验室人力资源管理、质量管理、仪器设备与试剂管理、安全管理、信息管理以及管理体制、管理机构与职能、建设与规划等。在信息化的基础上进行实验室智能化建设，是实验室不断发展的趋势。

2. 实验室网络信息管理的特点

　　它是利用计算机信息技术，对实验室进行全方位管理的计算机软件和硬件系统，具有提高样品测试效率、提高分析结果可靠性、提高对复杂分析问题的处理能力、协调实验室各类资源、实现量化管理等作用。

3. 实验室信息管理面临的安全隐患

　　随着信息技术在实验室管理中的广泛应用，实验室信息安全面临的危险因素也不断增加。最常见的信息安全事故有：①黑客入侵导致的信息泄密或被篡改等；②实验人员的信息安全意识淡薄，不规范操作引起的数据丢失；③实验室信息安全管理措施不到位导致的泄密、失窃等。

二、实验室网络信息管理

1. 实验室网络信息管理的意义

　　对实验室进行信息管理，是改进实验室质量管理的重要手段，提高信息资料利用效率，确保信息管理的安全性；是规范实验室内部管理，实现人员、仪器、试剂、方法、环境、文件等影响分析数据的质量要素的有机融合，全面提升实验室的教学科研能力和规范化管理水平的有效工具；是实现实验实训、教学科研等质量数据共享并不断强化质量监测手段的重要措施。

2. 实验室网络信息管理的安全措施

　　（1）加强管理安全　确保计算机系统在使用过程中不受人为因素（未授权使用计算机）

和自然因素（有害气体、腐蚀性物质及电磁污染等）的危害，防止信息丢失、泄露或者破坏。

（2）加强对计算机环境、设备、人员、设施的安全防范措施

① 在环境安全方面，保证计算机设备的环境安全，预防自然灾害的损害；

② 在设备安全方面，采取多种信息设备的安全保护，如设备的防盗（加密码锁、报警系统等）、防损，电源保护及其静电干扰等；

③ 在人员方面，首先要做好安全教育，了解信息安全的主要内容和过程，加强信息安全意识的培养；实行人员分层管理，落实工作机制和工作责任制；加强计算机安全技术管理培训，规范正确操作；

④ 在媒介安全方面，保证媒介介质的完整性和有效性，防止窃密、泄露、病毒侵害等，正确备份和恢复文件并能按照相应的管理制度进行保管等。

💬 议一议

认真学习《实验室安全手册》和《实验室安全管理制度》，参加网上安全知识考核考试，成绩合格后是否准入实验室？

三、实验室管理系统简介

1. LIMS 实验室信息管理系统

LIMS 实验室信息管理系统是由北京盛元广通科技有限公司研制开发的、遵循 ISO/IEC:17025 体系及 CNAS、CMA 实验室管理规范标准定制开发的实验室管理系统，可以提供智能化、科学化、专业化的实验室精细管理系统，解决实验室管理中的核心问题。其中高校实验室管理系统，适合大专院校实验室管理，主要包括培训考核、设备管理、危险化学品管理、预约管理、耗材管理、数据管理等方面，全面实现实验室仪器设备、耗材、危险品、交费、数据成果、报告等标准化、信息化、无纸化的服务，为负责的实验室管理提供一站式解决方案。

2. 高校智慧实验室管理平台

博思特软件是武汉市博思特电脑科技有限公司开发的基于 NET 技术架构的一款纯 B/S（IE 浏览器访问）结构的解决方案系统，是能够实现教务管理人员、设备管理人员、实验教学中心主任、实验室管理员、老师、学生互动的网络化开放管理平台。整个系统平台整合了实验室与实践教学及其相关工作的业务流程，其内容涵盖了实验室建设、实验人员、实验用房、实践教学、实验室开放、实验预约、实验课表、实验考勤、实验成绩、实验门禁、视频监控、设备耗材、大型仪器、数据上报、实验办公、实验资源、安全准入等元素，是一套信息高度共享、使用方便、功能强大、使用稳定的管理信息系统软件，可极大地提高实验室管理水平和实践教学质量。

💡 思考与活动

请在老师的指导下，查阅本学院实验室信息管理中的安全措施有哪些。

任务二 提高实验室档案信息管理安全

案例导入

1997 年 5 月，某大学发生了全国大学校园里第二起"铊"投毒案件。犯罪嫌疑人王某因个人关系处理不当，把受害人江某、陆某当作实验对象进行投毒，很快被公安局扣押。王某交代了投毒的一些情况后，医院对两名受害人及时用药，受害人方转危为安。

讨论："铊"为剧毒药品试剂，领用需严格控制并执行剧毒药品试剂管理制度，档案管理中出现哪些漏洞导致悲剧的发生？

一、实验室基本信息收集范围

（1）实验室建设　主要包括实施的各项规章制度、各类考核评估材料、室内改造用的电路布线图、水和气管道布局图以及一些特殊安装的设施施工图等。

（2）实验室仪器设备管理　实验室仪器设备的账册、增加单、报废单、外调及内调等凭证、低值耐用品的账册、大型精密仪器设备的技术资料、论证报告、使用记录等。

（3）实验室经费管理　各类经费申请、立项报告、经费使用报告、申购仪器设备的清单、验收单等。

（4）实验人员管理　实验人员培训技术及执行情况，记录人员考核材料、重要的工作记录等。

（5）实验教学管理　主要包括实验指导书、实验教材、实验技术研究及其成果、新开实验的报告、教学实验仪器设备报告及鉴定报告等。

（6）实验室完成的科研项目管理　项目的立项报告、项目完成的鉴定报告、其他具有保存价值的材料（照片、录音、录像）等资料。

（7）其他　教学科研仪器设备增减及变动信息、贵重仪器设备信息、实验人员信息、实验教学任务、实验室教学成效等信息。

二、实验室档案信息管理技术

1．实验室档案管理的重要性

实验室档案管理是帮助发挥实验室档案作用的保障，它是实验室管理工作中一个极其重要的组成部分。实验室在运行过程中产生大量的原始信息和资料，这些信息资料直接反映实验室能力水平，也是实验室质量体系管理、运行及质量体系有效性、符合性、真实性的反映和记载。实验室档案是实验工作的真实记录，具有原始性、凭证性，是原始的技术凭证和法律依据，能客观地反映实验室的管理水平和检验质量，能增强领导决策的科学性，可以大大提高实验开出率和实验室的管理水平。

2．实验室原始记录及数据档案管理

实验记录是指在实验过程中，应用实验、观察、调查或资料分析等方法，根据实际情况

直接记录或统计形成的各种数据、文字、图表、图片、照片、声像等原始资料，是实验过程中对所获得的原始资料的直接记录。实验室原始记录及数据应该能反映实验中最真实、最原始的情况。

(1) 实验室原始记录及数据档案格式。实验记录的统一标准格式，要求实验记录必须有下列主要内容：实验名称、实验内容、实验日期、实验条件、实验材料、实验过程、实验结果、实验结论及记录者签名。

(2) 实验记录应用字规范，须用蓝色或黑色字迹的钢笔或签字笔书写。不得使用铅笔或其他易褪色的书写工具书写。

(3) 实验记录应使用规范的专业术语，计量单位应采用国际标准计量单位，有效数字的取舍应符合实验要求；常用的外文缩写应符合规范，首次出现时必须用中文加以注释，属外文译文的应注明其外文全称。

(4) 实验记录不得随意删除、修改或增减数据。如必须修改，须在修改处画一斜线，不可完全涂黑，保证修改前的记录能够辨认，并应由修改人签字或盖章，注明修改时间。

(5) 计算机、自动记录仪器打印的图表和数据资料等应按顺序粘贴在记录纸的相应位置上，并在相应处注明实验日期和时间；不宜粘贴的，可另行整理装订成册并加以编号，同时在记录本相应处注明，以便查对；底片、磁盘文件、声像资料等特殊记录应装在统一制作的资料袋内或存储在统一的存储设备里，编号后另行保存。

(6) 实验记录应妥善保存，避免水浸、墨污、卷边，保持整洁、完好、无破损、不丢失。实验记录必须做到及时、真实、准确、完整，防止漏记和随意涂改。严禁伪造和编造数据。

(7) 实验过程中应详细记录实验过程中的具体操作，观察到的现象，异常现象的处理，产生异常现象的可能原因及影响因素的分析等。

(8) 实验记录中应记录所有参加实验的人员；每次实验结束后，应由记录人签名，另一人复核，实验室负责人审核。

(9) 原始实验记录本必须按归档要求整理归档，实验者个人不得带走。

(10) 各种原始资料应分类保存，确保容易查找。

💬 议一议

在实验过程中，你的实验记录是否做到及时、真实、准确、完整？对于漏记和随意涂改的数据应怎样处理？

3．实验室档案资料的归档和管理

(1) 档案资料归档　档案管理人员应按实验室制定的程序文件中有关档案管理的条款要求，及时将收集的技术资料和质量资料进行分类、造册、立卷，在规定时间将档案资料归档保存。

(2) 档案资料管理

① 文件控制：所有受控文件需加盖受控文件章，编写受控文件号后发放。受控文件补发时，需说明原因，经批准后方可补发。文件修改、更新应执行实验室相关程序文件规定。

② 档案资料查（借）阅：检验记录文件的查（借）阅，需遵守保密制度，应经单位领导批准后方可查（借）阅，原则上不能带出档案室，复印的资料需加盖复印标志章方可带走，

查阅后立即归还，不得向外单位人员提供检验记录文件。

③ 档案资料的保存和期限：档案应由专人保管，保存场所安全、设施完善、防火防潮、防虫、防辐射；保存档案应按有关规定分别制定不同的保存期限。

④ 档案资料的处置：保存期限已满的记录档案及作废的受控文件，应经相关责任负责人批准，在监督人员的监督下处理或销毁，并做好记录。

4．实验室药品试剂账册管理

（1）实验室药品试剂应由专人管理，购买、存放及领用要建立严格的账册和管理制度，所有药品必须有明显的标志。对字迹不清的标签要及时更换，对没有标签的药品不准使用，并要进行妥善处理。

（2）药品购进后，及时验收、记账，存放过程中定期检查药品试剂是否过期，过期药品试剂应及时妥善处置并销账，同时需要清楚掌握药品的消耗和库存数量。

（3）定期对化学危险品的包装、标签、状态进行认真检查，并核对库存量，务必使账物一致。

（4）药品试剂的领用应有登记记录，剧毒药品试剂的领用需严格控制并执行剧毒药品试剂管理制度。

（5）不外借（给）药品，特殊需要借（给）药品时，必须有相应的记录并经实验室有关负责人签字批准。

5．实验室仪器设备技术档案管理

（1）仪器设备技术档案　仪器设备的技术档案，应从提出申请采购的时候开始建立。仪器设备的技术档案包括原始档案和使用档案。

① 原始档案　包括申请采购报告、订货单（合同）、验收记录及随同仪器设备附带的全部技术资料。

② 使用档案　a．仪器设备使用工作日志及使用记录，维护及保养记录等；b．仪器设备履历卡，内容包括故障的发生时间、故障现象、维修记录、检定证书（或记录）、质量鉴定。

（2）实验室仪器设备技术档案管理

① 仪器设备的技术档案应于申请采购时建立。

② 仪器设备的技术档案必须收录所有与该仪器设备有关的技术资料，包括主要生产厂家或供应商的产品介绍资料、说明书等书面材料。

知识链接

实验室档案资料的归档和管理

1．档案资料归档　档案管理人员应按实验室制定的程序文件中有关档案管理的相关条款要求，及时将收集的技术资料和质量资料进行分类、造册、立卷，在规定时间将档案资料归档。

2．文件控制　（1）所有受控文件加盖受控文件章，编写受控文件号后发放，需要补发时，需说明原因。（2）档案资料借阅，检验记录需遵守保密制度，应经单位领导批准后方可查阅。（3）档案资料的保存和期限，档案应由专人保管，并按档案保存有关规定制定不同的保存期限。（4）档案资料的处置，保存期满的记录档案及作废的受控文件，应经相关负责人批准，在监督人员的监督下处理或销毁，并做好记录。

思考与活动

小组讨论，实验室仪器设备技术档案管理有哪些要求。

目标检测

一、单选题

1. 信息安全是信息网络的硬件、软件及系统中的（　　）受到保护，不因偶然或恶意的原因而受到破坏、更改或泄露。

A. 用户　　　　　　　　　　　　B. 管理制度

C. 数据　　　　　　　　　　　　D. 设备

2. 有关实验室原始记录及数据的要求不正确的是（　　）。

A. 实验记录应用蓝色或黑色字迹的钢笔或签字笔书写

B. 实验记录应使用规范的专业术语，计量单位应采用国际标准计量单位

C. 实验记录可根据需要进行删除、修改或增减数据

D. 计算机、自动记录仪器打印的图表和数据资料等应按顺序粘贴在记录纸的相应位置上，并在相应处注明实验日期和时间

二、多选题

1. 有关实验室网络信息管理的作用特点是（　　）。

A. 它是利用计算机信息技术，对实验室进行全方位管理的计算机软件和硬件系统

B. 具有提高样品测试效率的作用

C. 具有提高分析结果可靠性的作用

D. 具有提高对复杂分析问题的处理能力、协调实验室各类资源、实现量化管理等作用

2. 有关计算机环境、设备、人员、设施的安全防范措施正确的是（　　）。

A. 保证计算机设备的环境安全，预防自然灾害的损害

B. 加强信息设备的防盗（加密码锁等）、防损，电源保护及其静电干扰等

C. 做好安全教育，加强信息安全意识的培养

D. 保证媒介介质的完整性和有效性，防止窃密、泄露、病毒侵害等

三、判断题

1. 定期对化学危险品的包装、标签、状态进行认真检查，并核对库存量，务必使账物一致。（　　）

2. 药品试剂的领用应有登记记录，剧毒药品试剂的领用需严格控制并执行剧毒药品试剂管理制度。（　　）

参考文献

[1] 邵国成，张春艳. 实验室安全技术[M]. 北京：化学工业出版社，2016.

[2] 张一帆. 职业健康与安全[M]. 北京：中国医药出版社，2020.

[3] 孙晓，李志刚，张奎生. 大学生安全教育[M]. 济南：山东人民出版社，2020.

[4] 陈卫华. 实验室安全风险控制与管理[M]. 北京：化学工业出版社，2017.

[5] 丘丰，张红. 实验室生物安全基本要求与操作指南[M]. 北京：科学技术文献出版社，2020.

[6] 《危险化学品安全管理条例》（中华人民共和国国务院令第 591 号修订版）.

[7] GB/T 27476—2014. 检测实验室安全.

[8] GBZ 158—2003. 工作场所职业病危害警示标识.

[9] 《中华人民共和国固体废物污染环境防治法》（中华人民共和国主席令第五十八号）.

[10] 《易制毒化学品管理条例》（2018 年 9 月 18 日修正版）.

[11] 教育部办公厅关于加强高校教学实验室安全工作的通知 教高厅〔2017〕2 号文.

[12] 应急管理部化学品登记中心，化学品安全控制国家重点实验室，中国石油化工股份有限公司青岛安全工程研究院. 危险化学品目录汇编[M]. 2 版. 北京：化学工业出版社，2019.

[13] 和彦苓，许欣，刘晓莉，等. 实验室安全与管理[M]. 2 版. 北京：人民卫生出版社，2015.

[14] 《中华人民共和国职业病防治法》（中华人民共和国主席令第二十四号修订版）.

[15] 《特种设备安全监察条例》（国务院令第 549 号修订）.